Carla Häfner

Mit Illustrationen von Mieke Scheier

DER CODE DES LEBENS

Alles über Gene, DNA, Gentechnik
und warum du so bist, wie du bist

KNESEBECK

Danksagung

Carla Häfner: Mein ganz besonderer Dank gilt meiner Familie für ihre Geduld und Unterstützung während der Entstehung dieses Buches.
Danken möchte ich auch Dr. Jochen Graw, Heiner Götz, Dr. Ina Peters, Prof. Oliver Betz und Dr. Wiebke Sauter für die nützlichen Hinweise und Bemerkungen zum Manuskript.
Ein herzliches Dankeschön geht zudem an alle jugendlichen Testleserinnen und -leser, die mir geholfen haben, die Zielgruppe nicht aus den Augen zu verlieren.

Mieke Scheier: Tausend Dank an meine Schwester, Marika, Tanja, Mone, Yuxing, an Tomke, Mirko, Jens, Eva, Julian und den Rest aus der Rosenallee für unzählige Blicke, Anregungen, Korrekturen und die gemeinsamen Mittagessen.
Und an meine Mutter, Fridolin und Nola für das Verständnis, die Unterstützung und das Mutmachen!

Impressum

Deutsche Originalausgabe
2. Auflage 2022

Projektleitung: Theresa Scholz, Knesebeck Verlag
Umschlaggestaltung und Layout: Mieke Scheier, Hamburg
Satz & Herstellung: Arnold & Domnick, Leipzig
Druck: PNB Print Ltd.
Printed in Latvia

ISBN 978-3-95728-533-1

www.knesebeck-verlag.de

FSC www.fsc.org MIX Papier aus verantwortungsvollen Quellen FSC® C084698

INHALT

Einleitung 4
Die Anfänge der Genetik 6
Ein Blick ins Mikroskop 12
Im Fliegenzimmer 16
Der Stoff, aus dem die Gene sind 18
In der Bastelstube 20
Die Sache mit dem Reißverschluss 22
Die Entschlüsselung des genetischen Codes 23
Gut verpackt im Zellkern 27
Fehler machen 28
Von der Vielfalt 30
Gefangen in den Genen? 32
Familienbande 34
Der Bauplan des Menschen 36
Vom Vergleichen 40
Die Anfänge der Gentechnik 42
Rekombinant hergestellte Medikamente 44
DNA reparieren 46
CRISPR 48
Die »grüne«Gentechnik 50
Im Kampf für die Umwelt 51
Gene Drive 52
Schaf Dolly und andere Klone 54
Von kleinen Alleskönnern 56
Von Dinos und anderen Urzeitriesen 57
Verbrecher aufgepasst 58
Neue Impfstoffe 59
Schlusswort 60
Deine eigene Forschung 62
Register 63
Lösungen 64

WEISST DU EIGENTLICH,

dass du am Anfang deines Lebens nur eine winzig kleine Zelle warst, die man mit bloßem Auge gar nicht sehen konnte? Diese Zelle begann sich zu teilen. Aus der Zelle wurden zwei Zellen, daraus dann vier, acht, sechzehn Zellen und immer so weiter. Bis schließlich ein ganzer Organismus entstand: Du! Aufgebaut aus Billionen von Zellen. Doch wie wusste diese winzig kleine Zelle zu Beginn, dass aus ihr ein Mensch werden sollte? Warum keine Maus oder ein Elefant oder noch ein ganz anderes Lebewesen? Und wenn schon ein Mensch, warum nicht einer der anderen Milliarden Menschen auf diesem Planeten, sondern genau DU?
Lange wussten die Forscher und Forscherinnen keine Antwort darauf. Doch dann machten sie eine Entdeckung: Sie erkannten, dass es sogenannte Gene gibt, die die Merkmale für ein Lebewesen festlegten. Und im Inneren der Zellen fanden sie eine außergewöhnliche Substanz, die die gesamte Information über diese Gene in sich speichert: die DNA. Du kannst sie dir wie einen Bauplan vorstellen! In ihm steht, wie das Lebewesen aufgebaut ist, wie es aussehen und welche Funktionen und Eigenschaften es haben soll. Aber was sind eigentlich Gene? Und was ist die DNA? Wie kann die DNA so winzig klein sein, dass sie in eine einzelne Zelle passt, und dennoch die Information über ein gesamtes Lebewesen enthalten? Wie kann sie Information von den Eltern an ihre Kinder weitergeben? Und was passiert, wenn der Mensch beginnt, die Baupläne zu verändern? Wenn er also anfängt, sie neu zu schreiben?

Dieses Buch erzählt die spannende Geschichte der Entdeckung der DNA und wie diese Entdeckung unsere Welt und uns Menschen verändert hat.

DIE ANFÄNGE DER GENETIK

Unsere Geschichte beginnt im Jahr 1856 in einem Kloster in Brünn im damaligen Österreich. Einer der Mönche dort hieß **Gregor Mendel**. Er war sicherlich kein ganz gewöhnlicher Mönch: Er liebte Mathematik, Physik und Botanik. Forscher hatte er eigentlich werden wollen.
Aber als Sohn eines armen Bauern fehlte ihm das Geld für ein Studium und er sollte den Hof des Vaters übernehmen.
Das Kloster war da die beste Lösung, um der Sache zu entfliehen. Und Mendel hatte Glück. Denn im Kloster in Brünn wurde nicht nur gebetet, sondern auch besonders viel geforscht.
Mendel durfte sogar studieren: Zwei Jahre verbrachte er in Wien und kam mit einer riesigen Menge an Wissen über Naturgesetze, Zahlen, Pflanzen und Tiere nach Brünn zurück. Und noch etwas hatte er mitgebracht: eine Idee für ein ziemlich aufwendiges Forschungsprojekt!

Bald fing er an, im Gewächshaus des Klostergartens verschiedene Sorten von **Erbsenpflanzen** zu ziehen: Pflanzen mit violetten und mit weißen Blüten, mit schrumpeligen und mit glatten Erbsen, mit gelben und mit grünen Erbsenschoten, langen und kurzen Stängeln und noch ganz andere Sorten. Viele Stunden verbrachte er von nun an täglich in seinem Gewächshaus. Jahrelang! Denn er wusste, dass er einem großen Rätsel auf der Spur war.

Mendel wollte nämlich, wie viele andere in der damaligen Zeit, das Geheimnis der **Vererbung** enthüllen: Schon immer war aufgefallen, dass Kinder ihren Eltern und Großeltern ähnlich sahen. Und auch bei den Pflanzen und Tieren erkannte man, dass Merkmale an die Nachkommen weitergegeben wurden. Dieses Wissen nutzten die Bauern zum Beispiel gezielt in der Viehzucht. Aber wieso das alles so war, das wusste man damals nicht.

Die Erbsenpflanze erschien Mendel besonders geeignet für seine Studien. Er suchte Sorten aus, die sich im Aussehen gut unterscheiden ließen. Zu jedem Merkmal, das er untersuchte, hatte er immer Pflanzen in zwei verschiedenen Varianten. So kreuzte er zum Beispiel eine violettblühende Sorte mit einer weißblühenden Sorte.
Er sammelte dafür Blütenstaub einer violetten Blüte und pinselte etwas davon auf die Narbe einer weißen Blüte. Im Blütenstaub sind die männlichen Keimzellen (Samenzellen) enthalten. Von der Narbe aus konnten diese nun zur weiblichen Keimzelle (Eizelle) der anderen Sorte gelangen, um sie zu befruchten. Und aus der befruchteten Eizelle entstanden dann letztendlich wieder die neuen Erbsenpflanzen.

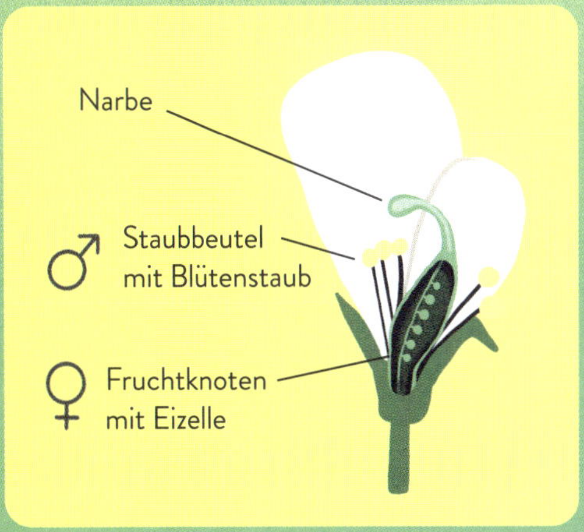

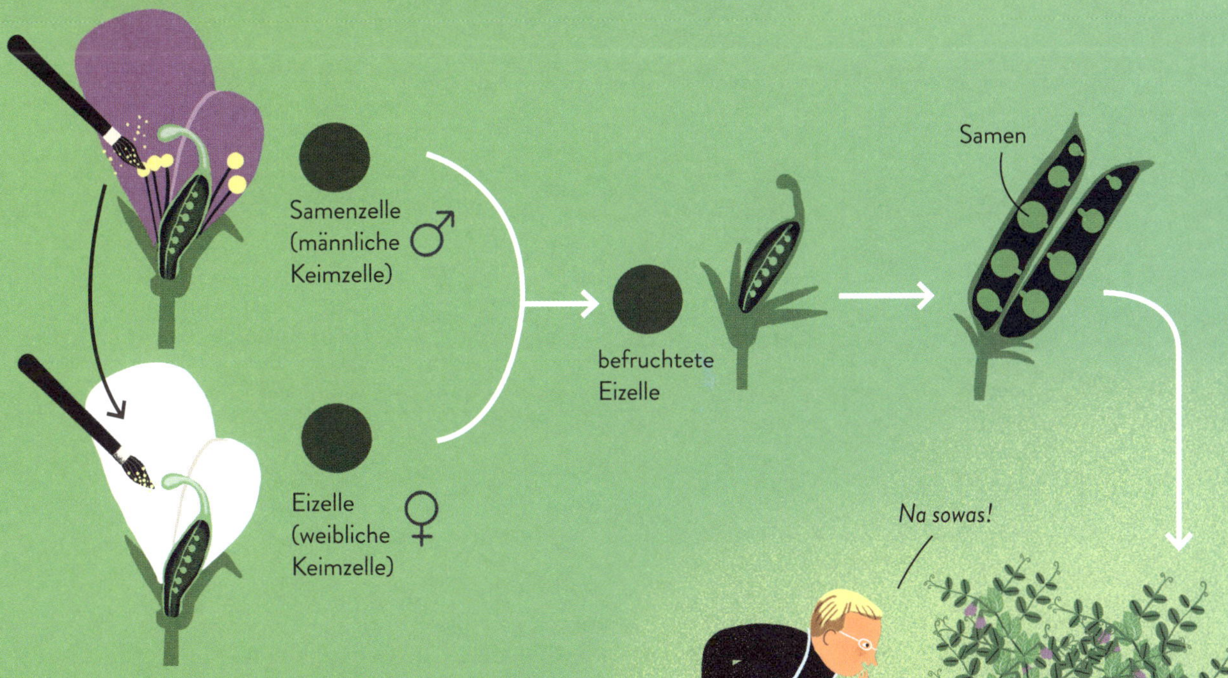

Na, was meinst du, was bei der **Kreuzung der Sorten** mit den violetten und den weißen Blüten herauskam? Mendel war sehr überrascht: Nur Pflanzen mit violetten Blüten, keine einzige weiße Blüte war zu sehen! Was war mit ihnen passiert?

Um das herauszufinden, kreuzte Mendel die neugewachsenen Pflanzen nun untereinander. Das Ergebnis war ziemlich erstaunlich: Denn plötzlich tauchten die weißen Blüten wieder auf. Diese Variante war also nicht verlorengegangen, sondern seltsamerweise verborgen geblieben. Er wiederholte seine Kreuzungen viele tausend Male und immer deutlicher zeigte sich ein besonderes Zahlenverhältnis: Etwa drei von vier Pflanzen (also 75 %) hatten die violetten und eine von vier Pflanzen (also 25 %) die weißen Blüten. **Ein Verhältnis von 3 zu 1!**
Insgesamt untersuchte Mendel bei seinen Erbsenpflanzen **sieben verschiedene Merkmale** und immer wieder kam er zum gleichen Ergebnis: Immer sahen in der 2. Generation alle Erbsenpflanzen gleich aus, und zwar wie eine der Elternpflanzen, und in der Generation danach gab es wieder beide Varianten – immer im Verhältnis 3 zu 1.

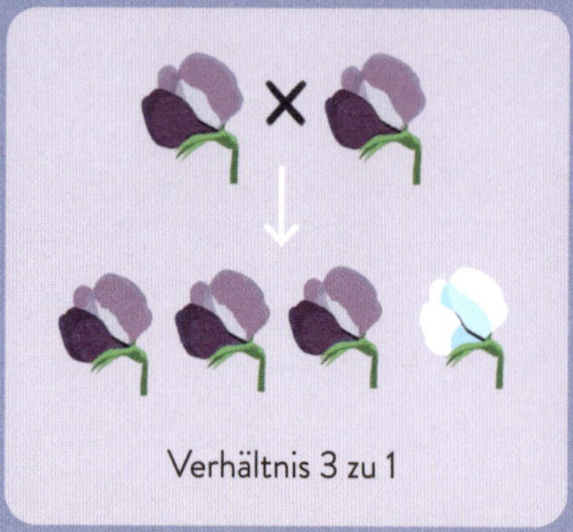

Mendel grübelte. Offenbar gab es da etwas in den Keimzellen, das die Information über die Merkmale in sich trug und das bei der Kreuzung an die Nachkommen weitergegeben wurde. Irgendwelche kleinen Teilchen. Er nannte sie »Elemente«.
Und noch etwas überlegte Mendel: Dass hinter den Zahlen eine einheitliche Regel stecken musste! Denn für alle Merkmale hatte er das Gleiche beobachtet. Dann hatte er die Lösung, wie die Zahlenverhältnisse erklärt werden konnten: Für jedes Merkmal musste es zwei dieser Elemente geben. Ein Paar! Aber nur ein Element gaben die Eltern an ihre Nachkommen weiter. Es war dabei purer Zufall, welches der zwei Elemente das war. Die kleinen Erbsenpflanzen erhielten also ein Element von der Vaterpflanze und ein Element von der Mutterpflanze und hatten somit auch wieder zwei Elemente – wie die Eltern.

Aber nun gab es die Elemente in zwei verschiedenen Varianten, also beim Merkmal Blütenfarbe zum Beispiel »violett« und »weiß«. Wenn eine Pflanze zwei Elemente in der gleichen Variante erhalten hat, dann ist die Situation klar: zwei violette Elemente ergeben violette Blüten, zwei weiße Elemente ergeben weiße Blüten.

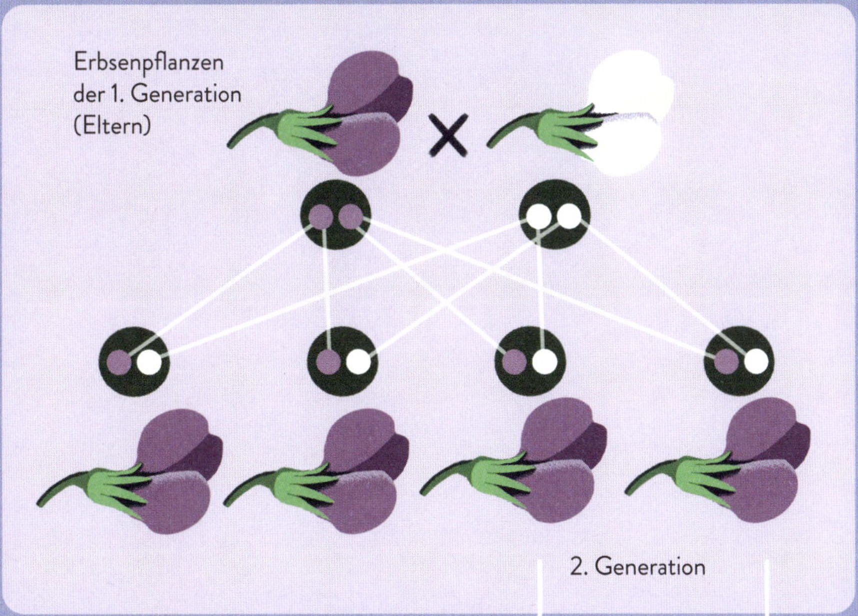

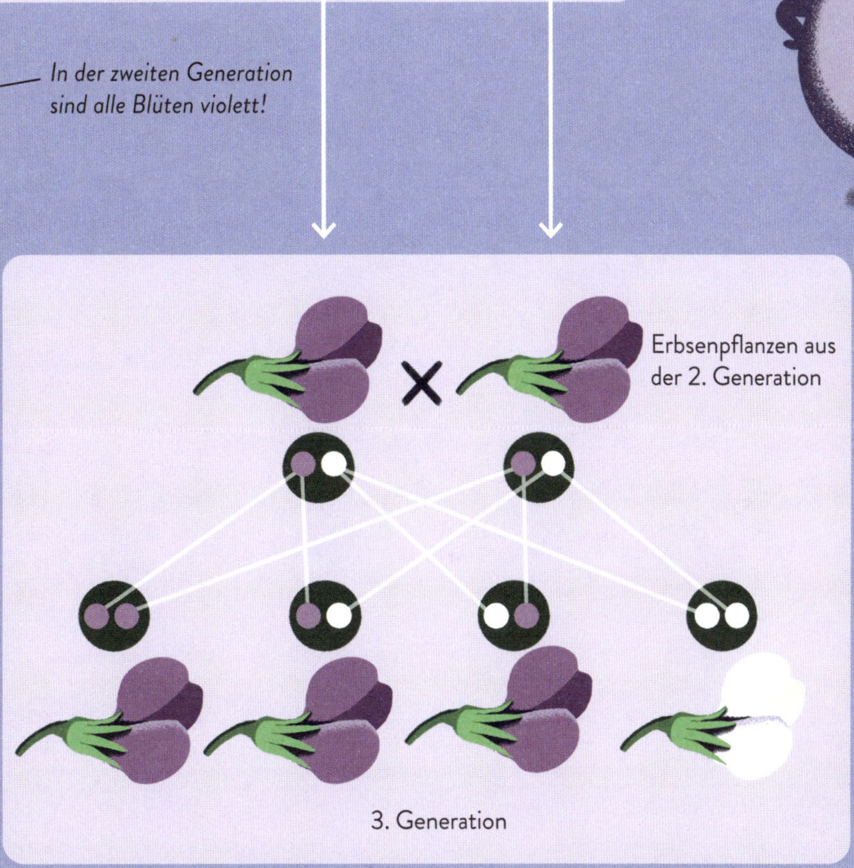

Etwas komplizierter ist es, wenn eine Pflanze aber zwei verschiedene Varianten erhalten hat: Dann hindert die eine Variante die andere daran, sichtbar zu werden. Bei der Blütenfarbe beispielsweise hindert die violette Variante die weiße Variante daran, sich zu zeigen.
Mendel nannte die überdeckende Variante **»dominant«** und die nicht sichtbare Variante **»rezessiv«**.

Später kreuzte Mendel auch Erbsenflanzen, die sich in zwei oder drei Merkmalen unterschieden. Anhand der Zahlenverhältnisse konnte er dabei zeigen, dass sich die verschiedenen Merkmale unabhängig voneinander vererbten. So war es für die Ausprägung der Blütenfarbe zum Beispiel egal, ob die Pflanze einen kurzen oder einen langen Stängel besaß und ob die Erbsen schrumplig oder glatt waren. Die Ausprägung eines Merkmals hatte keinen Einfluss auf die Ausprägung der anderen Merkmale.

Mendel veröffentlichte seine Ergebnisse, aber niemand interessierte sich für seine Forschung. Erst 40 Jahre später, lange nach Mendels Tod, wurden die Ergebnisse wiederentdeckt. Dann erst erkannte man die große Bedeutung seiner Beobachtungen.
Mendel wusste damals noch nicht, aus welchem Stoff die Elemente waren oder wo sie sich genau befanden, aber er hatte entdeckt, dass es solche Elemente überhaupt gab. Sie legten fest, wie die Erbsenpflanzen aussahen und wurden von den Eltern nach ganz festen Regeln an die Nachkommen weitergegeben. Seine Elemente wurden später **»Gene«** genannt.
Tatsächlich hatte Mendel damals die grundlegenden Regeln der Vererbung von Genen enthüllt. Und das alles war nicht irgendetwas Seltsames, das es nur bei den Erbsenpflanzen gab: **Gene sind auch bei allen anderen Lebewesen die Träger der Erbinformation**. Sie enthalten die Information über die Merkmale eines Lebewesens. Und die Gesetze der Vererbung erklären, wie diese Gene an die Nachkommen weitergegeben werden. Bei der Erbsenpflanze genauso wie bei dir.

Ja, auch du hast Gene von deinen Eltern geerbt, und zwar die eine Hälfte von deinem Vater und die andere Hälfte von deiner Mutter. Diese Gene enthalten die Information darüber, wie du aussiehst und machen dich zu dem Menschen, der du bist. Nun weißt du also auch, warum Kinder ihren Eltern oder Großeltern häufig ähnlich sehen oder warum Geschwister einander ähnlich sind: Es liegt an den Genen!
Mendels Entdeckungen zur Vererbung der Gene waren der Anfang einer neuen Wissenschaft: der sogenannten **Genetik**. Und Mendel wird heutzutage sicher nicht zu Unrecht auch als »Vater der Genetik« bezeichnet.

Die von Mendel entdeckten Elemente (später Gene genannt) sind für die Vererbung der Merkmale verantwortlich. Jedes Gen kommt in 2 Kopien vor. Dabei stammt die eine Kopie vom Vater und die andere von der Mutter.

Die Mendelschen Regeln beschreiben, wie die Gene vererbt werden.

Die Genkopie, die die Wirkung der anderen Kopie überdeckt, heißt »**dominant**«.

Die Genkopie, die in ihrer Wirkung überdeckt wird, heißt »**rezessiv**«.

EIN BLICK INS MIKROSKOP

Wenn wir die Gene suchen, dann müssen wir uns ins Innere der Zellen begeben. Die Zellen sind die Grundbausteine des Lebens. Auch du bist aus Zellen aufgebaut, aus Billionen winzig kleiner Zellen. Deine Haut, deine Muskeln, dein Skelett, dein Gehirn, alles besteht aus Zellen. Im 18. Jahrhundert lernte man sehr viel über die Zellen, denn die Mikroskope wurden immer besser. Man entdeckte, dass in den Zellen immer etwas Rundes zu sehen ist. Dieses runde Etwas wurde **Zellkern** genannt. Und im Zellkern wiederum erkannte man einen oder mehrere kleine rundliche Strukturen, die **Kernkörperchen**. Zudem lernte man, dass der Zellkern von einer Flüssigkeit umgeben war, dem Zellplasma.

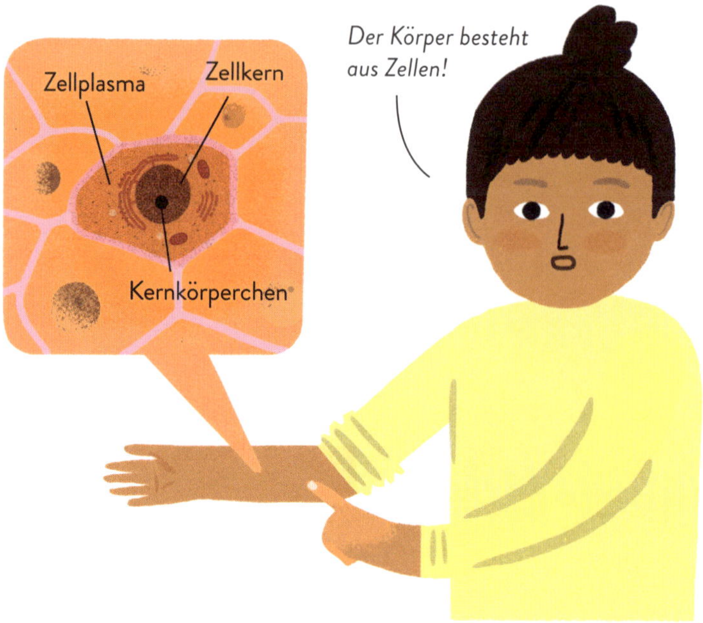

Der in Kiel tätige **Walther Flemming** war einer der Forscher der damaligen Zeit. Er begeisterte sich dafür, Zellen unter dem Mikroskop zu beobachten. Einmal probierte er eine neue Färbetechnik aus und entdeckte dabei im Zellkern etwas Seltsames. Es färbte sich intensiv blau ein. Flemming nannte es **»Chromatin«,** was nichts anderes als »Farbe« (abgeleitet vom griechischen Wort »chroma«) bedeutet.
Flemming schaute sich das Chromatin in verschiedenen Zellen an. Und er beobachtete, was mit dem Chromatin passierte, wenn Zellen sich teilten. Das Teilen von Zellen ist wichtig, denn nur so kann ein Körper wachsen. Aus einer Zelle werden zwei Zellen, daraus dann vier, und so weiter.

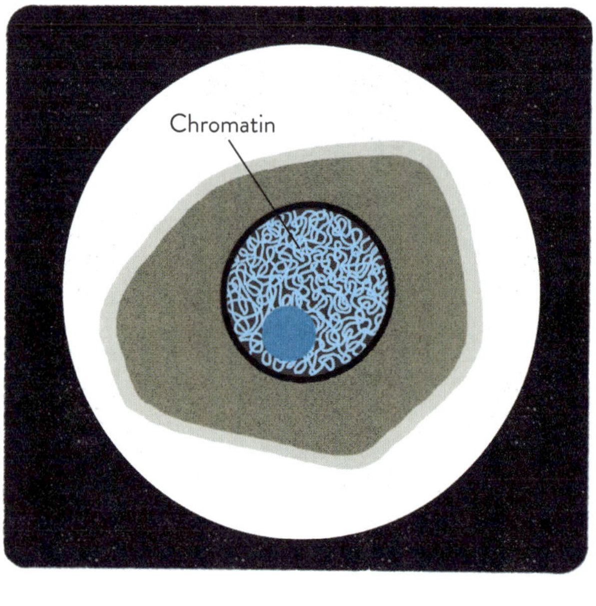

Und diesen Vorgang der Zellteilung beobachtete Flemming nun also unter dem Mikroskop. Er machte dabei eine beeindruckende Entdeckung:

1

Kurz vor der Teilung löste sich die Hülle des Kerns plötzlich auf und das blau gefärbte Chromatin veränderte sein Aussehen. Aus dem feinen fädrigen Netzwerk entwickelte sich eine knäuelartige Form.

2

Die Fäden wurden dicker und bald konnte man einzelne Gebilde erkennen, die sich immer aus jeweils zwei Fäden zusammensetzten. Man nennt sie Chromosomen.

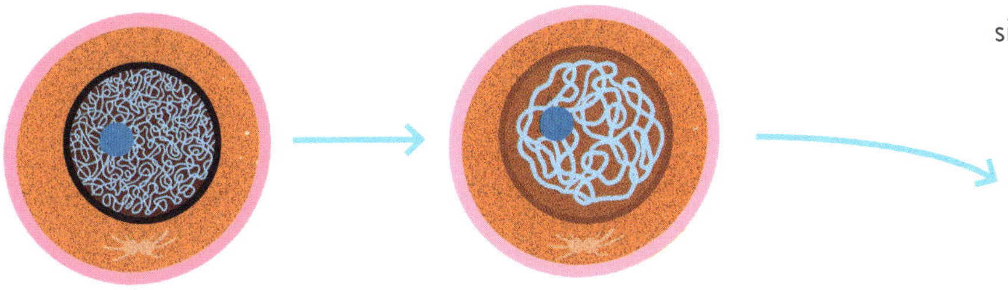

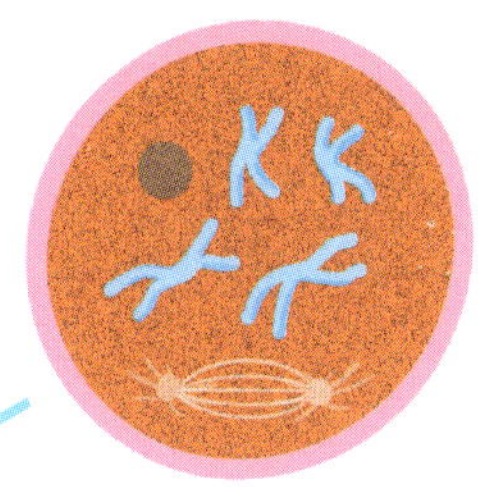

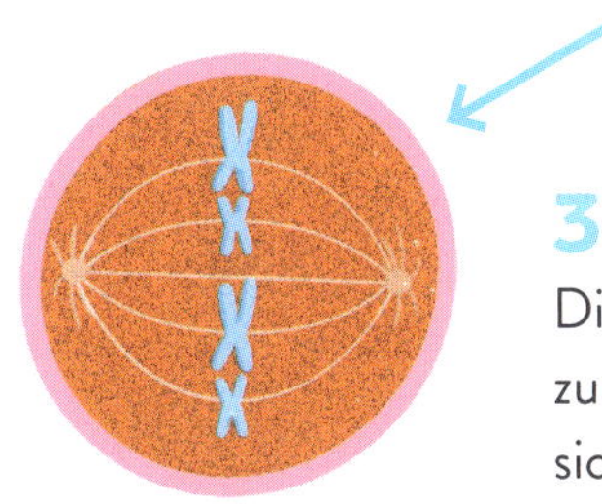

3

Die Chromosomen wanderten nun zur Mitte der Zelle und verteilten sich dort auf einer schnurgeraden Linie, als wenn sie gleich einen Tanz aufführen wollten.

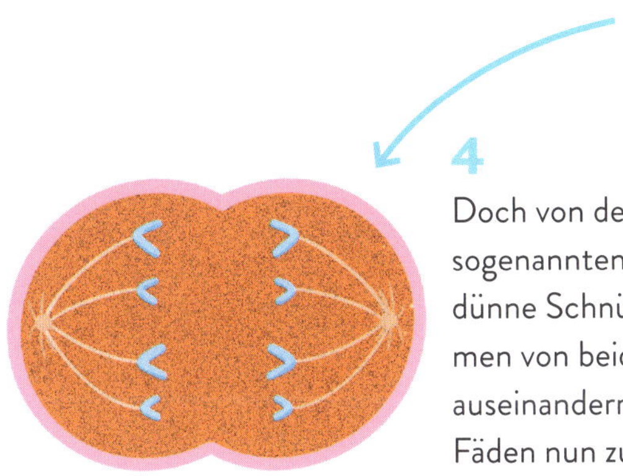

4

Doch von den Seiten der Zellen (den sogenannten Polen) wuchsen bereits dünne Schnüre, die die Chromosomen von beiden Seiten packten, sie auseinanderrissen und die einzelnen Fäden nun zu den gegenüberliegenden Polen zogen.

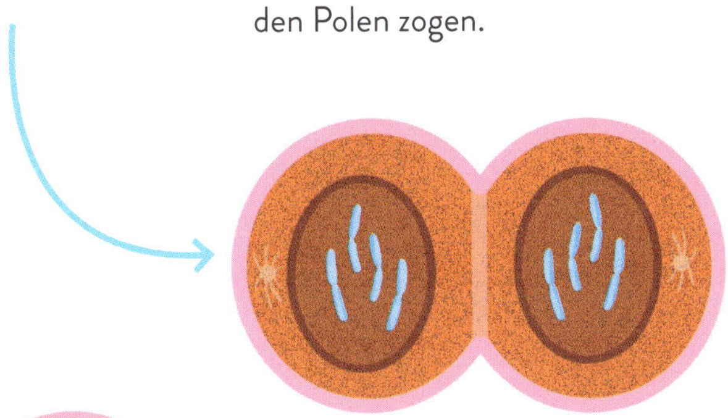

5

Nun bestanden die Chromosomen also nur noch aus je einem Faden. Und um die Chromosomen bildete sich an den zwei Polen jeweils wieder eine neue Zellkernhülle.

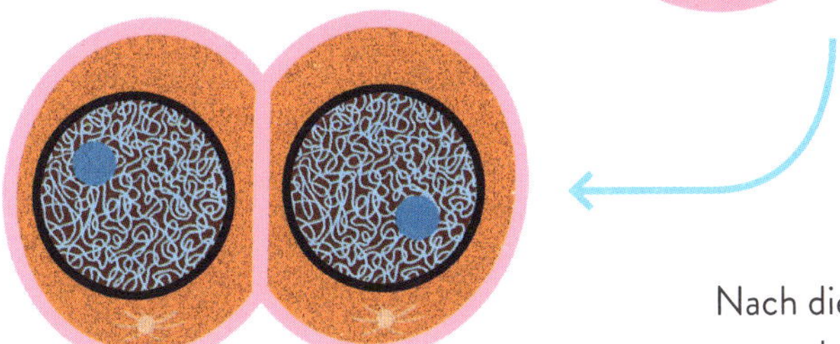

6

Die Chromosomen wechselten ihre Gestalt zurück in die ursprüngliche Form und die Zellhülle schnürte sich in der Mitte zu.

Nach diesem kleinen Schauspiel waren also aus einer Zelle zwei Zellen geworden: zwei sogenannte Tochterzellen. Flemming nannte den Vorgang **Mitose**. Später verstand man auch, warum die Chromosomen zu Beginn aus zwei Fäden bestanden, während sie nach der Teilung nur einen einzelnen Faden besaßen: Die Fäden hatten sich vor der Teilung heimlich verdoppelt. Und diese Verdopplung ist wichtig! Denn so kann trotz der Teilung in beiden Tochterzellen die gleiche Anzahl an Chromosomen sein wie in der elterlichen Zelle.

Der um 1900 in Würzburg forschende **Theodor Boveri,** war an einem anderen Vorgang interessiert, nämlich der Bildung der Keimzellen: der sogenannten **Meiose**. Du hast die Keimzellen schon kennengelernt, nämlich bei Mendels Kreuzungsversuchen. Außergewöhnliche Zellen sind das, denn aus ihnen kann ein neues Lebewesen entstehen. Boveri erkannte unter dem Mikroskop etwas sehr Wichtiges: Bei der Bildung der Keimzellen halbierte sich die Anzahl der Chromosomen. Erst nach dem Verschmelzen der männlichen und der weiblichen Keimzelle lagen die Chromosomen wieder in doppelter Anzahl vor.

MEIOSE: Bei der Bildung der Keimzellen wird die Anzahl der Chromosomen halbiert.

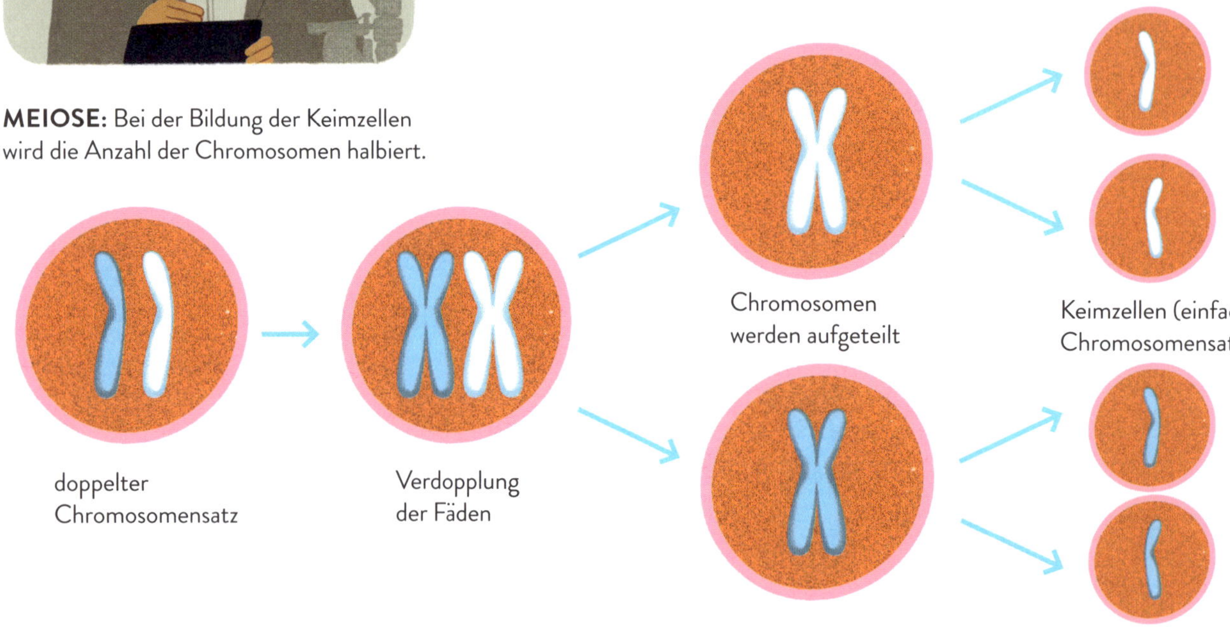

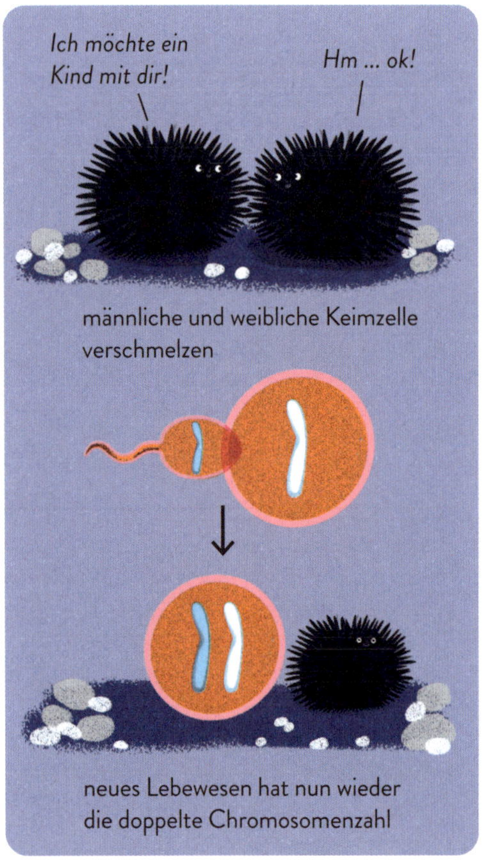

In jeder Zelle eines Lebewesens befindet sich also immer die gleiche Anzahl an Chromosomen. Aber in den Keimzellen gibt es nur die Hälfte. Und erst nach dem Verschmelzen der Keimzellen ist wieder die doppelte Anzahl an Chromosomen vorhanden.
Haben wir das nicht alles schon einmal gehört? Ja, genau! Bei Gregor Mendel und seinen Erbsen! Nur war dort nicht von Chromosomen, sondern von Elementen die Rede. Auch Theodor Boveri und sein amerikanischer Kollege **Walter Sutton** erkannten das. Sie stellten daher 1904 gemeinsam die Vermutung auf, dass sich diese Elemente (später Gene genannt) in den Chromosomen befinden mussten.

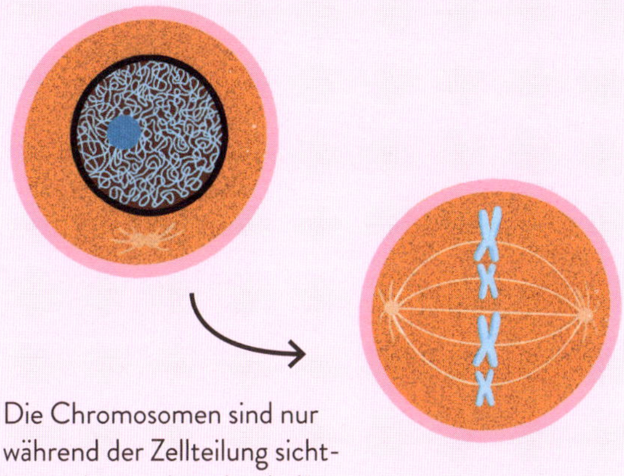

Die Chromosomen sind nur während der Zellteilung sichtbar und entstehen durch die Verdichtung des Chromatins.

Später fand man übrigens heraus, dass der Mensch insgesamt **46 Chromosomen** hat, die in 23 Paaren (also doppelt) vorliegen. Und bei jedem dieser 23 Chromosomenpaare kommt das eine der beiden Chromosomen vom Vater und das andere von der Mutter.
Das Chromosomenpaar Nummer 23 ist dabei besonders. Es besteht nämlich aus den **Geschlechtschromosomen**. Es gibt das X- und das etwas kürzere Y-Chromosom. Sie bestimmen das chromosomale Geschlecht: Als Junge hast du ein X- und ein Y-Chromosom, als Mädchen stattdessen zwei X-Chromosomen. Aber es gibt auch Ausnahmen. Und manchmal stimmt das Geschlecht, das die Chromosomen vorgeben, auch nicht mit dem Geschlecht überein, dem sich jemand zugehörig fühlt.

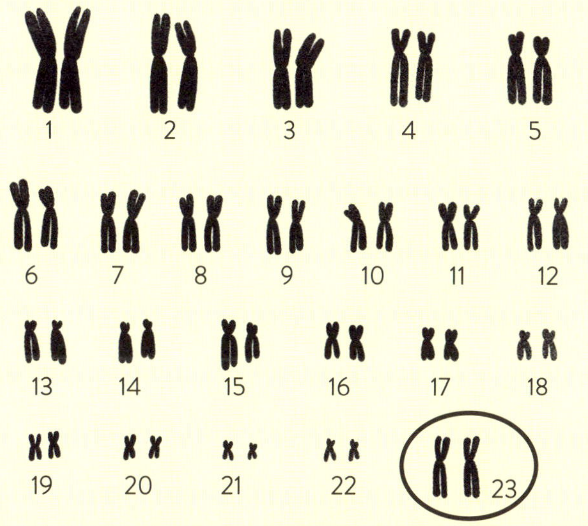

Geschlechtschromosomen:

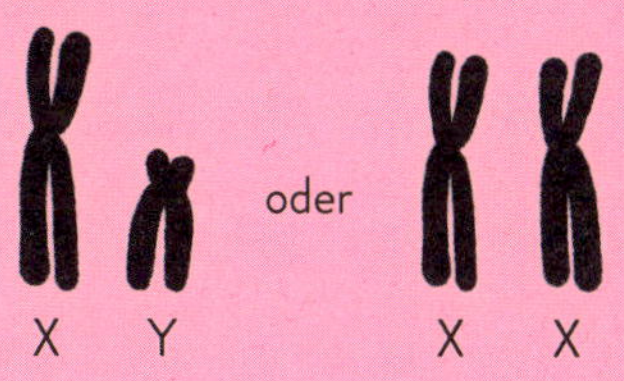

Wir Menschen haben in unseren Körperzellen jeweils 23 Chromosomenpaare, also insgesamt 46 Chromosomen. In den Keimzellen ist es nur die Hälfte (23 Chromosomen).

Die Mitose ist der Vorgang zur Teilung von Körperzellen. Mitose findet statt, wenn ein Lebewesen wächst oder wenn Zellen erneuert werden.

Die Meiose ist der Vorgang zur Bildung der weiblichen und männlichen Keimzellen. Aus den Keimzellen kann ein neues Lebewesen entstehen.

IM FLIEGENZIMMER

Die Gene sollten also in den Chromosomen zu finden sein. Doch wie konnte man sich das vorstellen? Und was sollten diese Gene denn überhaupt sein? Der Forscher **Thomas Morgan** war äußerst skeptisch. Er wollte Mendels Ergebnisse prüfen, und zwar mithilfe von **Fruchtfliegen**. So begann er 1908 in seinem Labor an der Columbia Universität in New York seine eigenen Forschungen.
Wie Mendel bei seinen Erbsen brauchte Morgan erst einmal Merkmale bei seinen Fliegen, die sich unterscheiden ließen und die auch weitervererbt wurden. Er begann also zusammen mit seinen Mitarbeitern, Fliegen zu vermehren. Viele kleine Fläschchen mit Fliegen standen bald auf den Labortischen. Jeden Tag wurden es mehr! Bald sprach man nur noch vom Fliegenzimmer.

Immer wieder, wenn auch sehr selten, traten unter der riesigen Menge an Fliegen einzelne Tiere auf, die etwas anders aussahen. Bei diesen Tieren war es zu zufälligen Veränderungen in den Genen gekommen. Plötzlich hatte Morgan also Fliegen mit kurzen Flügeln, krummen oder zu vielen Beinen, einem schwarzen oder deformierten Körper, zusätzlichen Borsten an den Fühlern oder fehlenden Augen und noch vielen anderen außergewöhnlichen Merkmalen. Mit diesen besonderen Fliegen konnte Morgan die Vererbung wunderbar untersuchen, denn die außergewöhnlichen Merkmale ließen sich bei den Nachkommen gut von der »ursprünglichen« Form unterscheiden.

Morgan kam zu den gleichen Zahlenverhältnissen wie Mendel. Aber er entdeckte noch etwas anderes! Morgan verpaarte eine männliche Fliege mit weißen Augen mit einem rotäugigen Weibchen. Die Nachkommen verpaarte er dann wieder miteinander. Dabei fiel auf, dass die weißen Augen immer nur bei den Männchen zu finden waren, nie bei den Weibchen. Er wiederholte den Versuch noch mehrere Male. Kein einziges Weibchen mit weißen Augen war dabei! Seltsam. Offenbar war die weiße Augenfarbe an das Geschlecht der Fliege gebunden. Und das Geschlecht hängt ja von den Geschlechtschromosomen (X und Y) ab. Die Genveränderung, die für die weiße Augenfarbe verantwortlich war, musste also auf einem der Geschlechtschromosomen liegen. Und anhand der genauen Zahlen folgerte er, dass es das X-Chromosom sein musste. Morgan hatte also tatsächlich ein Gen einem Chromosom zuordnen können. Und das war Ausgangspunkt für weitere Forschungen.
Er bemerkte nämlich, dass sich die Merkmale nicht immer unabhängig voneinander vererbten, sondern in Gruppen. Die kurzen Flügel und die schwarze Körperfarbe wurden zum Beispiel zusammen vererbt, oder die weißen Augen mit der gelben Körperfarbe. Insgesamt konnte er die verschiedenen Merkmale nach Vererbung in vier Gruppen unterteilen.

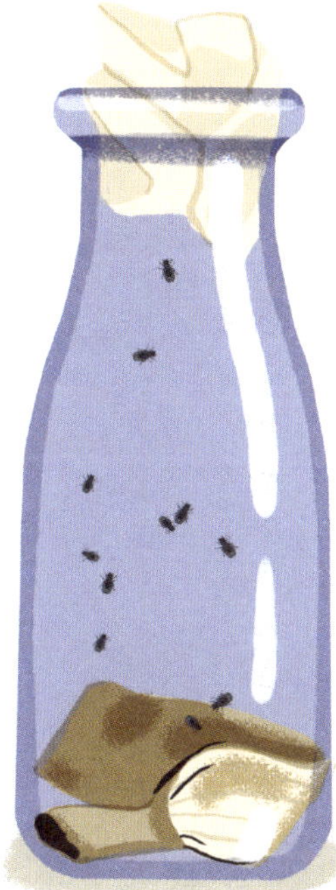

Und rate mal, wie viele Chromosomenpaare die Fruchtfliege besitzt: Vier! Sollte das Zufall sein? Nein, das glaubte Morgan nicht! Er war überzeugt, dass Merkmale deshalb zusammen vererbt werden, weil die zugehörigen Gene gemeinsam auf den gleichen Chromosomen liegen. Wie Perlen auf einer Perlenkette stellte er sich die Gene hintereinander aufgereiht auf den Chromosomen vor.

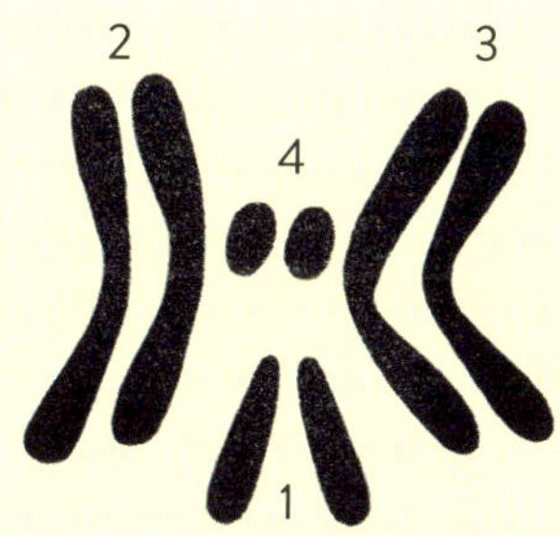

Chromosomen der Fruchtfliege

Morgan und seine Mitarbeiter konnten aber nicht nur herausfinden, welche Gene zusammen auf einem Chromosom lagen. Sie erkannten auch, welche Gene auf den Chromosomen besonders eng nebeneinander und welche Gene weiter voneinander entfernt lagen. Sie konnten die Gene ziemlich genau bestimmten Orten auf den Chromosomen zuordnen und erstellten die ersten sogenannten **Genkarten**.

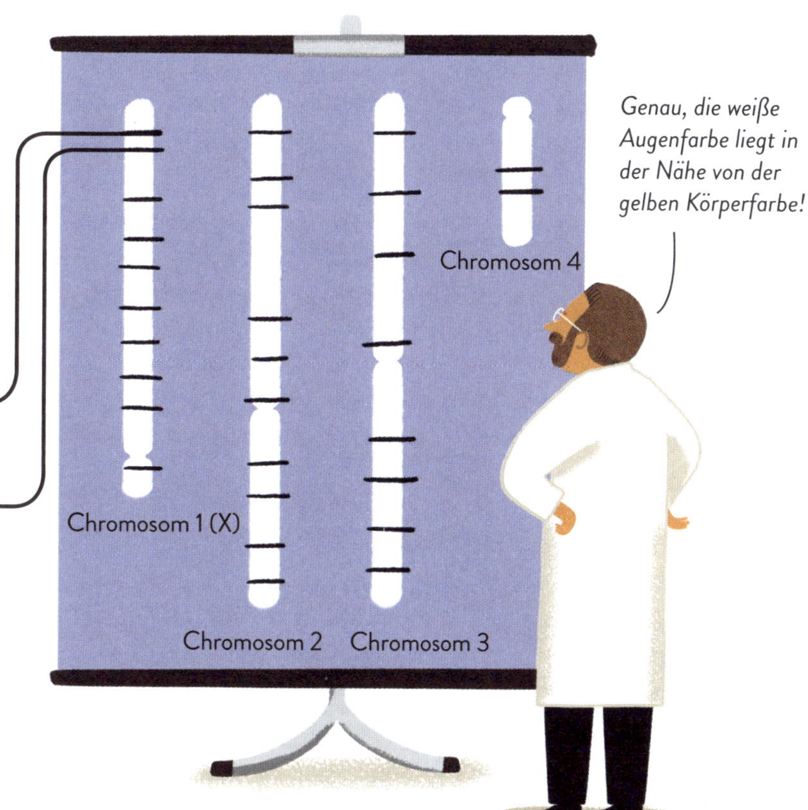

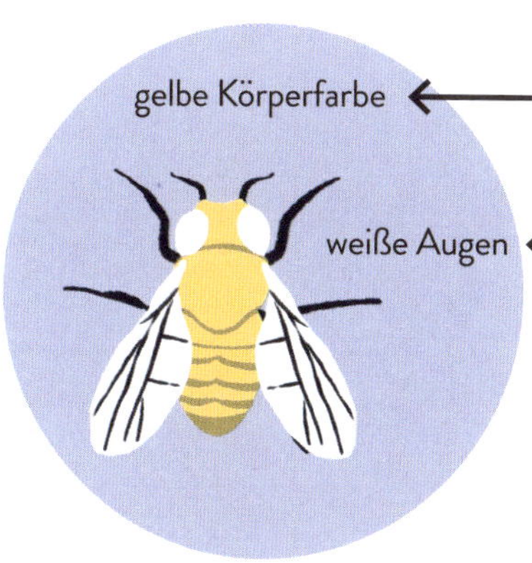

DER STOFF, AUS DEM DIE GENE SIND

Nun war also klar: Mendels Elemente existierten tatsächlich. Die Gene waren Bestandteile der Chromosomen. Aber aus welchem Stoff waren sie?
Bereits im Jahr 1869 hatte der Arzt **Friedrich Miescher** in Tübingen etwas Besonderes entdeckt: Er machte Versuche mit Blutzellen (genauer gesagt: mit den weißen Blutkörperchen), die er aus dem Eiter von frischem Verbandsmaterial gewann. Man wusste damals schon, dass vieles in den Zellen aus Eiweiß bestand.

Mit seinen Experimenten hoffte er, mehr über die Eiweiße und die Funktion der Eiweiße in den Zellen zu lernen. Doch statt der Eiweiße fand er etwas anderes in seinen Reagenzgläsern: einen seltsamen weißen Niederschlag. Dieser Niederschlag stammte aus den Zellkernen und verhielt sich gar nicht wie ein Eiweiß. Miescher nannte ihn zuerst Nuklein. Doch später wurde das Nuklein wegen seiner Eigenschaften in **Nukleinsäure** umbenannt. Die Nukleinsäure ließ sich einfrieren und wieder auftauen, doch bei Zimmertemperatur zerfiel sie sehr schnell. Miescher hatte Glück, dass es Winter und im Labor eisig kalt war. Sonst wäre sie wahrscheinlich viel zu rasch zerfallen – und er hätte sie nie entdeckt.

Bald fand Miescher eine neue Quelle für seine Nukleinsäure: Lachssperma! Dieses Sperma enthielt eine riesige Menge an männlichen Samenzellen und Miescher konnte daraus große Mengen an Nukleinsäure gewinnen. Aber die Arbeit war aufwendig, da es noch keine Kühlschränke gab und er seine Experimente nur in den Wintermonaten durchführen konnte. Häufig stand Miescher dann schon mitten in der Nacht auf und wanderte mit Netzen ausgerüstet zum Flussufer, um Lachse zu fangen, frisches Sperma zu gewinnen und dann im Labor bei geöffneten Fenstern und klirrender Kälte seine Experimente durchzuführen.
Die Nukleinsäure war also entdeckt! Aber wofür gab es sie denn in der Zelle?

Um diese Frage zu beantworten, brauchte es noch etwa 75 Jahre. 1944 war es so weit: **Oswald Avery** zeigte in einem Experiment, dass die Nukleinsäure, und noch genauer die sogenannte **Desoxyribonukleinsäure (DNA)**, tatsächlich der Stoff ist, aus dem die Gene sind. Der Stoff also, der festlegt, welche Merkmale wir haben und der von den Eltern an die Kinder weitergegeben wird. Der Stoff, nach dem die Forscher und Forscherinnen so lang gesucht hatten! Und sie lernten noch mehr über die DNA, nämlich woraus sie bestand: Zucker (Desoxyribose), Phosphatreste und sogenannte Basen (Adenin, Thymin, Cytosin, Guanin). Hier wird es richtig chemisch. Aber keine Angst! Stell dir die Bestandteile als Teile von einem Puzzlespiel vor, mit denen man herumexperimentieren kann. Und die Namen sind dabei einfach nur die Bezeichnungen dieser einzelnen Puzzleteile.

Neben der DNA fanden sie übrigens noch eine zweite Sorte von Nukleinsäuren: die **RNA** (Ribonukleinsäure). Auch sie ist wichtig für unsere Geschichte, aber an etwas späterer Stelle. Guck mal unten! Da siehst du, wie sich die Bestandteile der DNA und der RNA unterscheiden: Bei der DNA ist der Zucker die Desoxyribose. Daher auch der Name Desoxyribonukleinsäure. Die RNA enhält als Zucker stattdessen Ribose. Daher der Name Ribonukleinsäure! Und noch einen weiteren Unterschied gibt es: Die Base Thymin kommt in der RNA nicht vor. Stattdessen ist dort die Base Uracil enthalten.

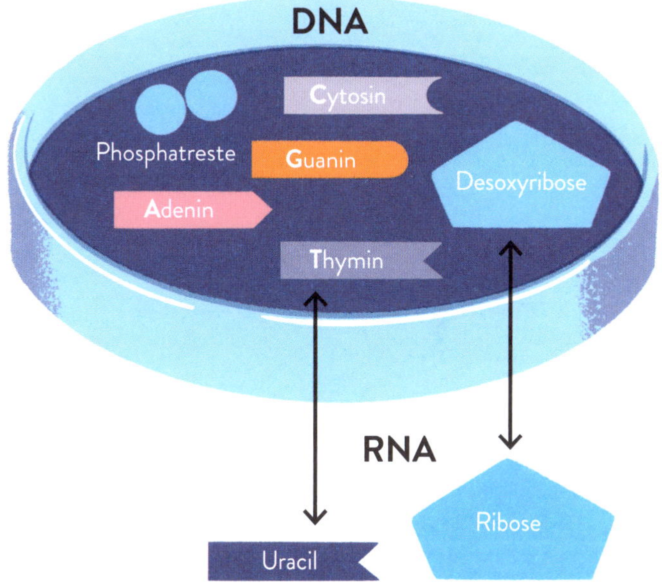

Die DNA im Zellkern ist der Hauptbestandteil der Chromosomen. Sie ist der Träger der Erbanlagen (der Gene). Die Bestandteile der DNA sind der Zucker Desoxyribose, Phosphatreste und die vier Basen Adenin, Thymin, Cytosin und Guanin.

Es gibt zwei Sorten von Nukleinsäuren: DNA (Desoxyribonukleinsäure) und RNA (Ribonukleinsäure).

Die RNA hat etwas andere Bestandteile als die DNA. Statt des Zuckers Desoxyribose enthält sie den Zucker Ribose. Und statt der Base Thymin enthält sie die Base Uracil.

IN DER »BASTELSTUBE«: DEM RÄTSEL DER DNA AUF DER SPUR

Doch wie sollte die DNA die Information über ein gesamtes Lebewesen in sich tragen? Dieses Rätsel beschäftigte viele Forscher und Forscherinnen zur damaligen Zeit. Denn hinter diesem Rätsel steckte ja ein noch viel bedeutsameres Rätsel, nämlich das Leben selbst.
Rosalind Franklin und **Maurice Wilkins,** arbeiteten in einem Labor in London und versuchten, den Aufbau der DNA mithilfe von Röntgenstrahlen zu erforschen. Sie brachten die DNA in eine feste Kristallform und bestrahlten sie dann. Dabei ergaben sich sogenannte **Streuungsbilder**. Anhand dieser Bilder wollten sie etwas über den Aufbau und die Form der DNA erfahren. Du kannst es dir wie das Schattenbild vorstellen, das auf einer Wand entsteht, wenn du einen Gegenstand oder deine Hände in einem dunklen Raum mit einer Taschenlampe anleuchtest.

Eines Tages hielt Wilkins einen Vortrag über seine Forschungen und zeigte dabei ganz am Ende auch ein Streuungsbild der DNA. Im Publikum saß auch **James Watson**. Das Bild beeindruckte ihn so stark, dass er es gar nicht mehr aus seinem Kopf bekam. Und obwohl das Bild von miserabler Qualität war, zeigte sich darauf doch schon die regelmäßige Struktur der DNA. Als sich kurz darauf die Möglichkeit ergab, wechselte Watson kurzerhand in ein Labor in Cambridge (ganz in der Nähe von London), um nun selbst an der Struktur der DNA zu arbeiten. Er war fest entschlossen, der zu sein, der die DNA-Struktur entdecken würde.
Im Labor lernte Watson den Forscher **Francis Crick** kennen. In endlosen Gesprächen redeten sie darüber, wie die DNA zusammengesetzt sein könnte. Sie waren wie besessen davon. Bald bekamen sie für ihre Forschungen auch ein eigenes Zimmer im Labor. Sie bauten hier Modelle mithilfe von einfachen Bauteilen wie Metallplättchen, Hölzern, kleinen Bällen, Drähten und Schrauben. Immer wieder verschwanden die beiden gemeinsam in ihrer »Bastelstube« und schraubten, berechneten, überlegten.

Zur gleichen Zeit untersuchte **Erwin Chargaff** in seinem Labor an der Columbia Universität (in New York) die DNA in den verschiedenen Lebewesen. Immer waren es die gleichen Bestandteile: Zucker, Phosphatreste und die vier verschiedenen Basen Adenin, Thymin, Cytosin und Guanin. Und noch etwas Interessantes fand er heraus: Immer zwei der vier Basen kamen in gleicher Menge vor. So gab es immer gleich viel Adenin wie Thymin und gleich viel Guanin wie Cytosin. Verwunderlich war das!

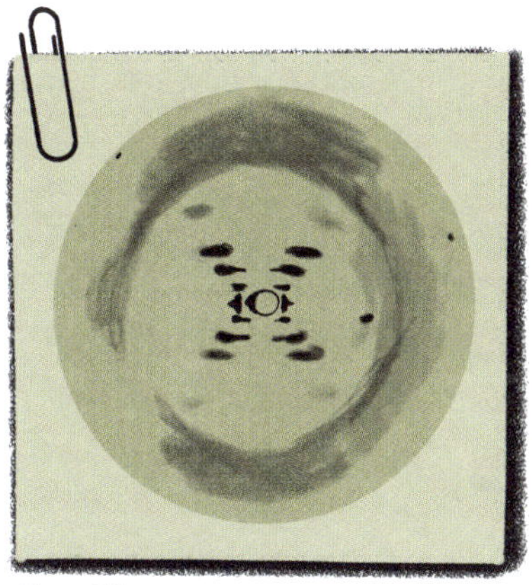

Foto 51

Aber zurück zu Watson und Crick: Als Watson Wilkins einmal im Labor besuchte, um über die DNA-Struktur zu sprechen, zeigte Wilkins ihm eine der Aufnahmen von Franklin, das berühmte **Foto 51**.
Watson war beim Anblick des Bildes sofort klar, dass die DNA eine Helix sein musste. Eine Helix? Eine spiralförmig gewundene Kette ist das, wie das Gewinde einer Schraube.
Und Watson legte sich recht bald darauf fest, dass die DNA eine **Doppelhelix** sein musste, also aus zwei Ketten bestand. Denn Gene und Chromosomen liegen paarweise vor und Zellen verdoppeln sich. Da passte ein Modell aus zwei Ketten am besten.

Watson und Crick machten sich also daran, ein Modell der DNA zu entwickeln. Sie dachten noch einmal nach, wie die einzelnen Bausteine miteinander verbunden sein könnten: Die Ketten wurden aus Zucker und Phosphatresten gebildet. Das war klar. Nun mussten noch die vier Basen in diesem Modell untergebracht werden. Waren die Ketten innen und die Basen außen, oder war es umgekehrt? Wie standen die Basen zueinander in Verbindung? Irgendwann fiel Watson auf, dass ein Paar aus Adenin und Thymin dieselbe Gestalt hatte wie ein Paar aus Guanin und Cytosin. Zwei Basen gehörten also immer als Paare zusammen. Plötzlich machte alles Sinn: Die Ketten lagen außen, die Basen innen. Sie standen einander gegenüber. Adenin bildete ein Paar mit Thymin und Guanin bildete ein Paar mit Cytosin. Immer waren es die gleichen zwei Partner. Erinnerst du dich noch an die Ergebnisse von Chargaff, dass immer gleiche Mengen von diesen zwei Basen vorhanden waren? Auch das ergab nun plötzlich Sinn. Alles passte perfekt!

Im März 1953 hatten Watson und Crick das Rätsel um die Struktur der DNA gelöst. Wie eine unendlich lange, in sich verdrehte Strickleiter sah die **DNA-Doppelhelix** aus. Die Ketten aus Zucker und Phosphatresten bildeten die zwei Seile außen, die Basenpaare waren die Sprossen der Leiter.
Der Bauplan eines jeden Lebewesens ist also in einer simplen Abfolge von Basen verschlüsselt, einem Geheimcode aus vier Buchstaben: **A**(denin), **T**(hymin), **G**(uanin) und **C**(ytosin)! Und im Zellkern jeder einzelnen Zelle befindet sich eine Kopie dieses Bauplans.

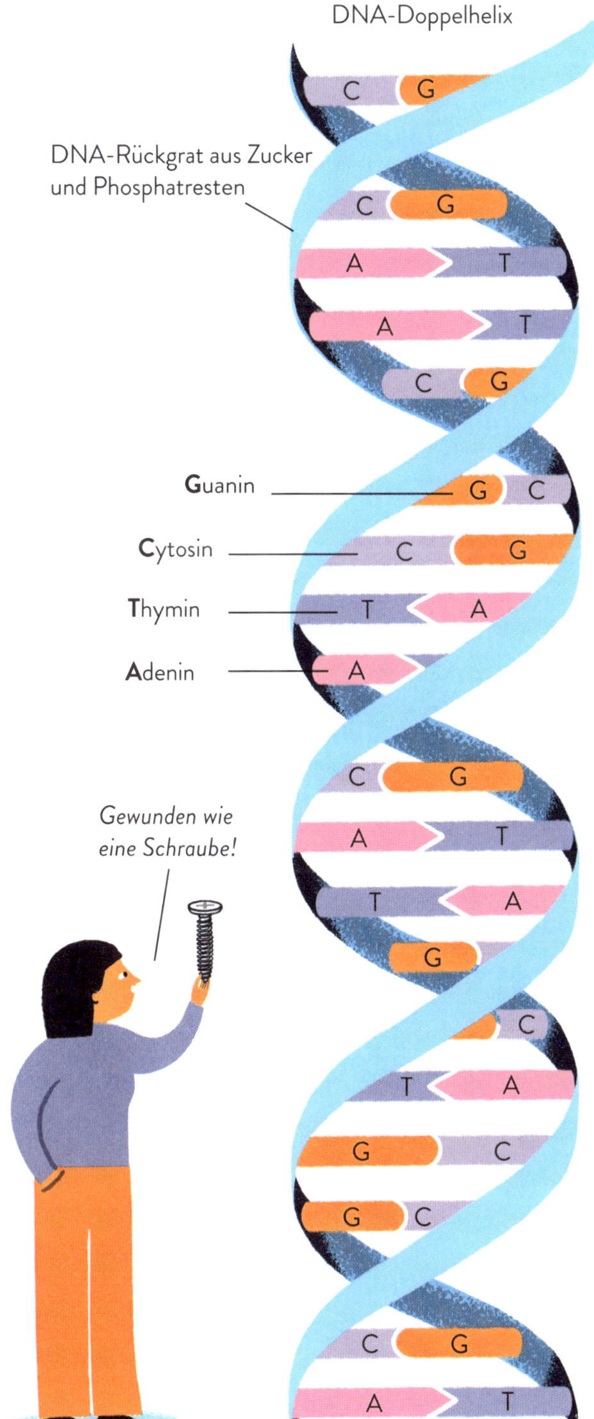

DIE SACHE MIT DEM REISSVERSCHLUSS

Watson und Crick dachten aber gleich schon einen Schritt weiter. Die Anordnung der Basen in Paaren war tatsächlich auffallend an der DNA – und faszinierend zugleich. Kannte man die Abfolge der Basen einer Kette, kannte man gleichzeitig auch die Abfolge der zweiten, gegenüberliegenden Kette. Diese besondere Anordnung in Paaren war der Schlüssel dafür, dass die DNA verdoppelt und weitergegeben werden konnte, wenn sich Zellen teilten.
Und das ist wichtig: Denn wenn ein Organismus wächst und aus einer Zelle viele Zellen werden, soll in jeder einzelnen Zelle wieder die gleiche genetische Information vorhanden sein.

Stell dir die DNA wie einen Reißverschluss vor. Die Basen in der DNA sind wie die Zähne des Reißverschlusses. Wenn die DNA verdoppelt werden soll, dann öffnet sich der Reißverschluss und zu jeder Kette wird eine neue Kette gebildet mit den gegensätzlichen Basen. Base für Base werden die passenden Basen zum neuen Strang aneinandergefügt. Und siehe da: Bald sind dort nicht mehr zwei, sondern vier Ketten. Aus einer DNA-Doppelhelix wurden zwei. So ist nach der Zellteilung in jeder der zwei Zellen die identische DNA vorhanden. Der gesamte Vorgang nennt sich Replikation.

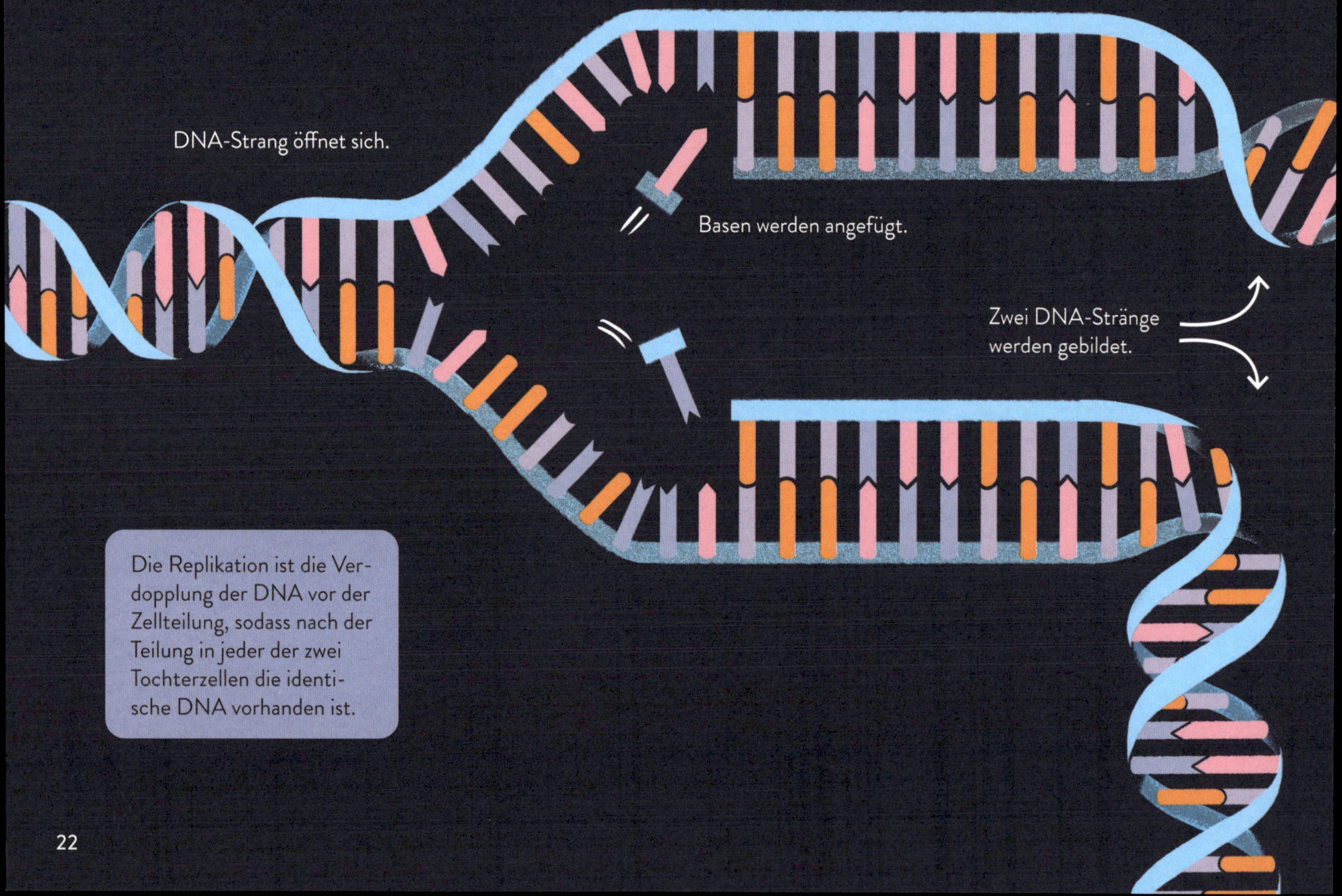

Die Replikation ist die Verdopplung der DNA vor der Zellteilung, sodass nach der Teilung in jeder der zwei Tochterzellen die identische DNA vorhanden ist.

DIE ENTSCHLÜSSELUNG DES GENETISCHEN CODES

In der DNA ist also ein geheimer Code versteckt. Er besteht aus vier verschiedenen Buchstaben (Basen). Und dieser Code legt zum Beispiel fest, ob wir glatte oder lockige Haare haben und unsere Augen grün oder blau oder braun sind. Und er bestimmt, dass wir überhaupt Haare und Augen haben. Bloß wie? Steht da so etwas wie »AUGEN grün« (natürlich im DNA-Buchstabencode geschrieben) und wie durch Zauberei erhalten wir grüne Augen? Wie wird ein Code aus Buchstaben in ein körperliches Merkmal übersetzt?
Diese Frage beschäftigte auch die beiden Forscher **George Beadle** und **Edward Tatum** in ihrem Labor an der Stanford Universität in Kalifornien. 1941 war es so weit: Sie fanden heraus, dass der Code festlegte, welche Eiweiße in einer Zelle hergestellt wurden.

Eiweiße spielen tatsächlich eine sehr große Rolle in unserem Körper. Damit unser Körper so funktioniert, wie er soll, laufen in den einzelnen Zellen viele chemische Reaktionen ab. Unser Körper ist sozusagen wie eine chemische Fabrik. Die Eiweiße sind dabei die Stoffe, die die chemischen Reaktionen in dieser Fabrik überhaupt ermöglichen (als sogenannte Enzyme): Die Stoffe binden sich an die Enzyme und werden dann in neue Stoffe umgewandelt. Eiweiße haben aber noch viele andere Aufgaben: Das Eiweiß Kollagen befindet sich beispielsweise in Sehnen, Bändern, Knorpel und Knochen und kann die Zellen stützen. Die Eiweiße Aktin und Myosin befinden sich in den Muskelzellen und erlauben, dass wir uns bewegen können. Der rote Blutfarbstoff ist ein Eiweiß, das den Sauerstoff in den roten Blutkörperchen transportiert, damit alle Zellen des Körpers mit Sauerstoff versorgt werden. Auch Antikörper sind Eiweiße. Sie sind wichtig im Kampf gegen feindliche Krankheitserreger. Und wenn Eiweiße Farbstoffe binden, dann können sie damit zum Beispiel die Augen- oder die Haarfarbe festlegen. Eiweiße können aber auch Botenstoffe sein, damit sich die Zellen miteinander unterhalten können. Und auch das ist wichtig! Denn überleg mal: Ein Organismus aus Billionen winziger Zellen, die alle ihre eigene Aufgabe und Funktion haben. Was würde passieren, wenn sich die Zellen nicht absprechen könnten? Die Rolle der Eiweiße ist tatsächlich äußerst vielfältig.

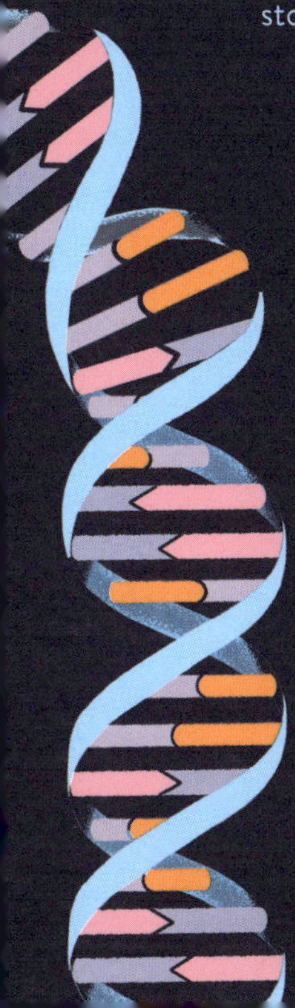

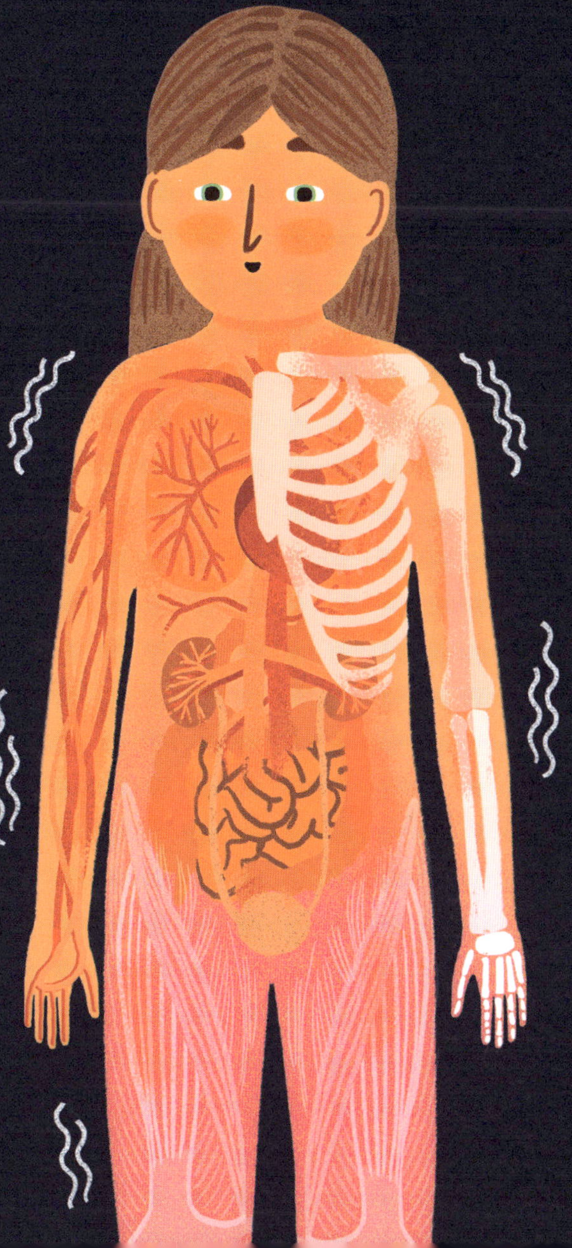

Aufgebaut sind die Eiweiße aus langen Ketten von kleinen Bausteinen, den sogenannten **Aminosäuren**. Insgesamt 20 verschiedene Aminosäuren werden dabei verwendet und unterschiedlich kombiniert. Die Ketten sind dann noch mehrfach gedreht, gefaltet und gewunden und sehen ziemlich kompliziert aus.
Hergestellt werden die Eiweiße übrigens in kleinen »Eiweißfabriken« in den Zellen, den sogenannten **Ribosomen**. Und diese Fabriken befinden sich nicht im Zellkern, sondern in der den Kern umgebenden Flüssigkeit: dem Zellplasma.
Wenn also im Zellplasma die Eiweiße hergestellt werden, wie kann dann die Information von der DNA aus dem Zellkern dorthin gelangen? Woher können die Ribosomen wissen, welche Eiweiße sie herstellen sollen?

Im Jahr 1960 fanden François Jacob und Sydney Brenner bei ihren Forschungen in Cambridge heraus, dass die RNA, die der DNA ja sehr ähnlich ist, hier die Funktion eines Boten übernimmt. Sie wird daher auch **Boten-RNA** genannt. Wenn also ein bestimmtes Eiweiß hergestellt werden soll, dann wird von dem DNA-Abschnitt, der die Information für dieses Eiweiß enthält, eine Kopie gemacht. Diese Kopie, das ist die Boten-RNA! Und der ganze Kopiervorgang heißt **Transkription**.

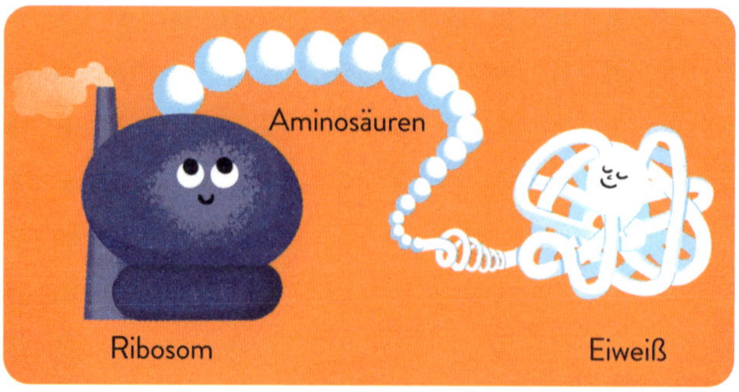

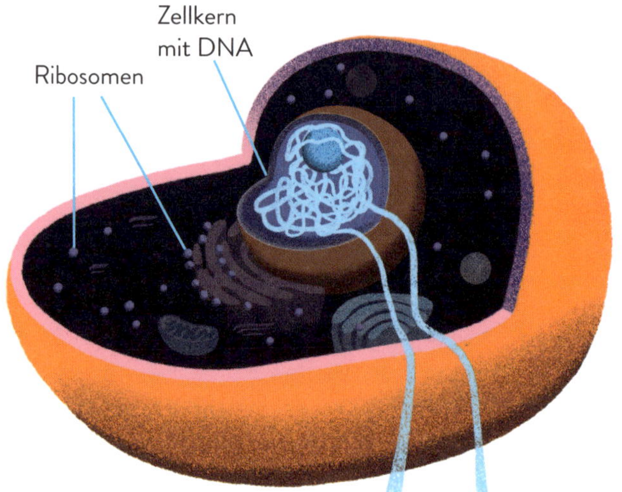

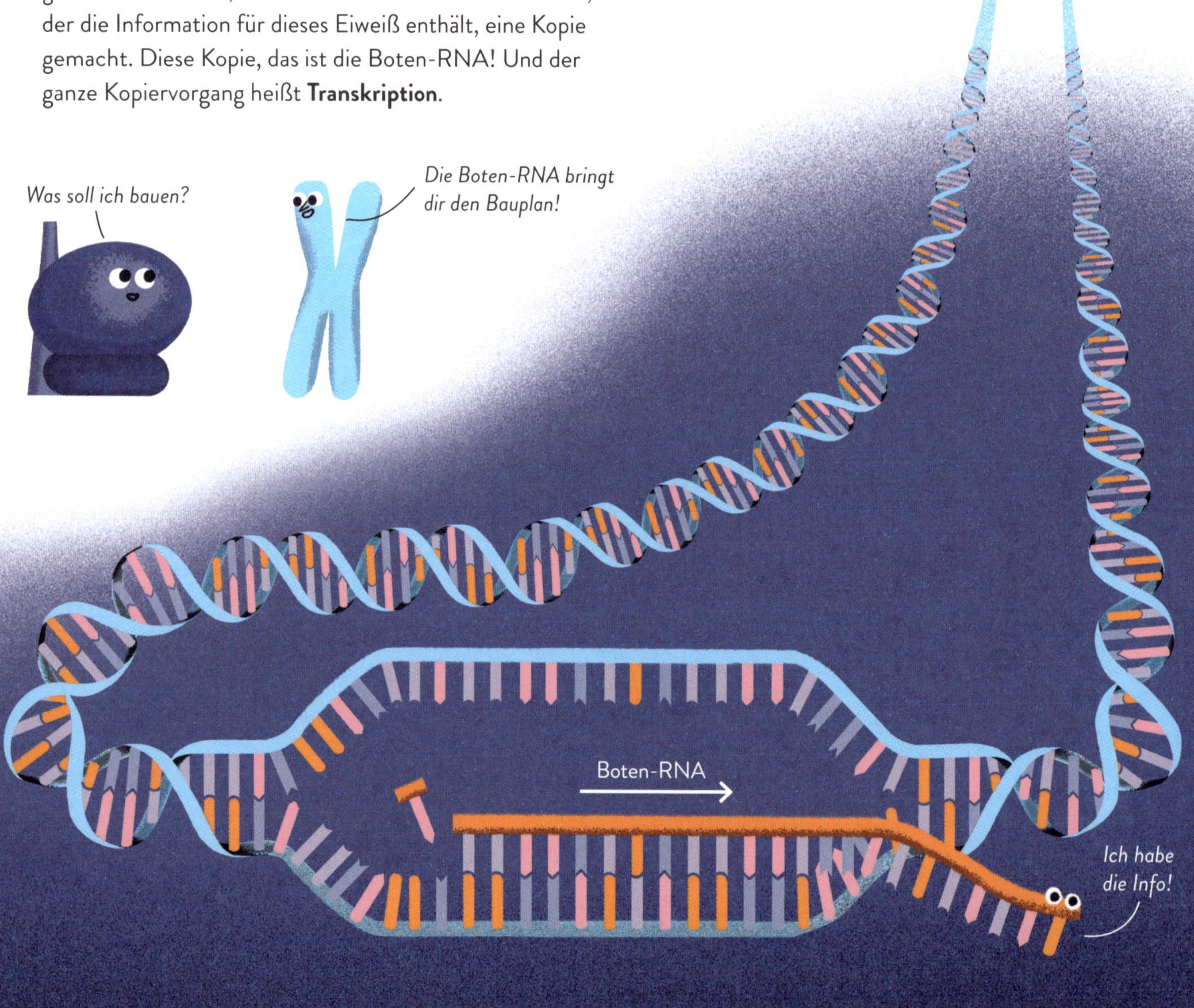

Ist die Boten-RNA fertiggestellt, wandert sie vom Zellkern und durch die Hülle des Zellkerns ins Zellplasma zu den kleinen Eiweißfabriken, den Ribosomen.

Nun muss die Information von der Boten-RNA in den Ribosomen irgendwie in ein Eiweiß übersetzt werden. Aber wie? Die Vermutung liegt natürlich sehr nahe, dass die Reihenfolge der Buchstaben dabei entscheidend ist. Sie bestimmt die Abfolge der Aminosäuren und damit auch, welches Eiweiß hergestellt wird. Es gibt aber nicht pro Aminosäure einen Buchstaben. Denn dann würde man für die 20 Aminosäuren 20 verschiedene Buchstaben (Basen) benötigen. Und es gibt ja nur vier! Tatsächlich fand man heraus, dass immer jeweils drei Buchstaben zusammen die Information für eine Aminosäure enthielten. Und bald gelang es, allen Aminosäuren Codes aus drei Buchstaben zuzuordnen. Der Code war geknackt!

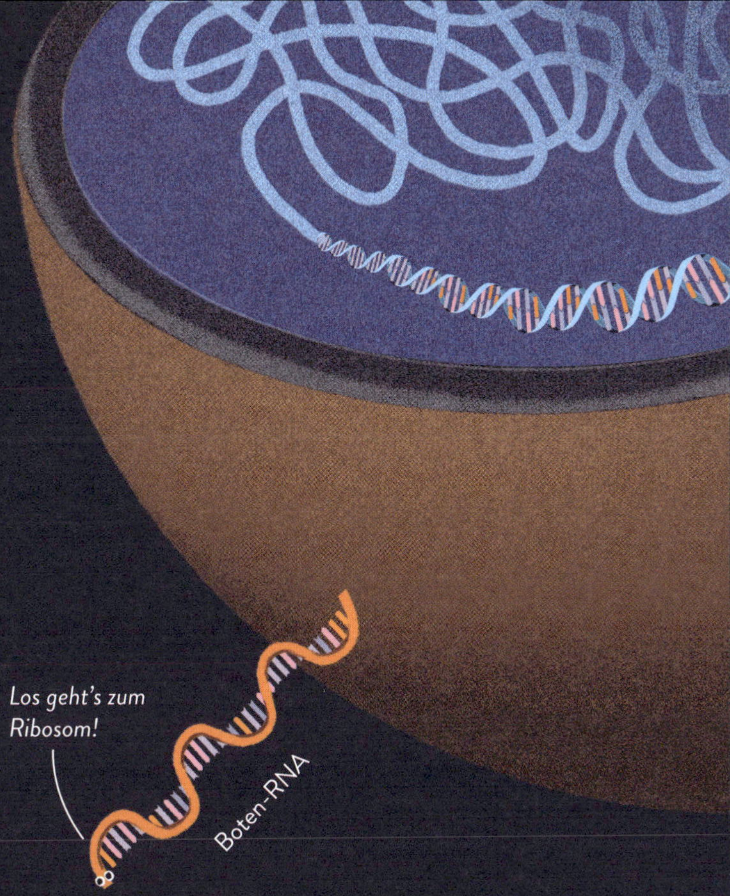

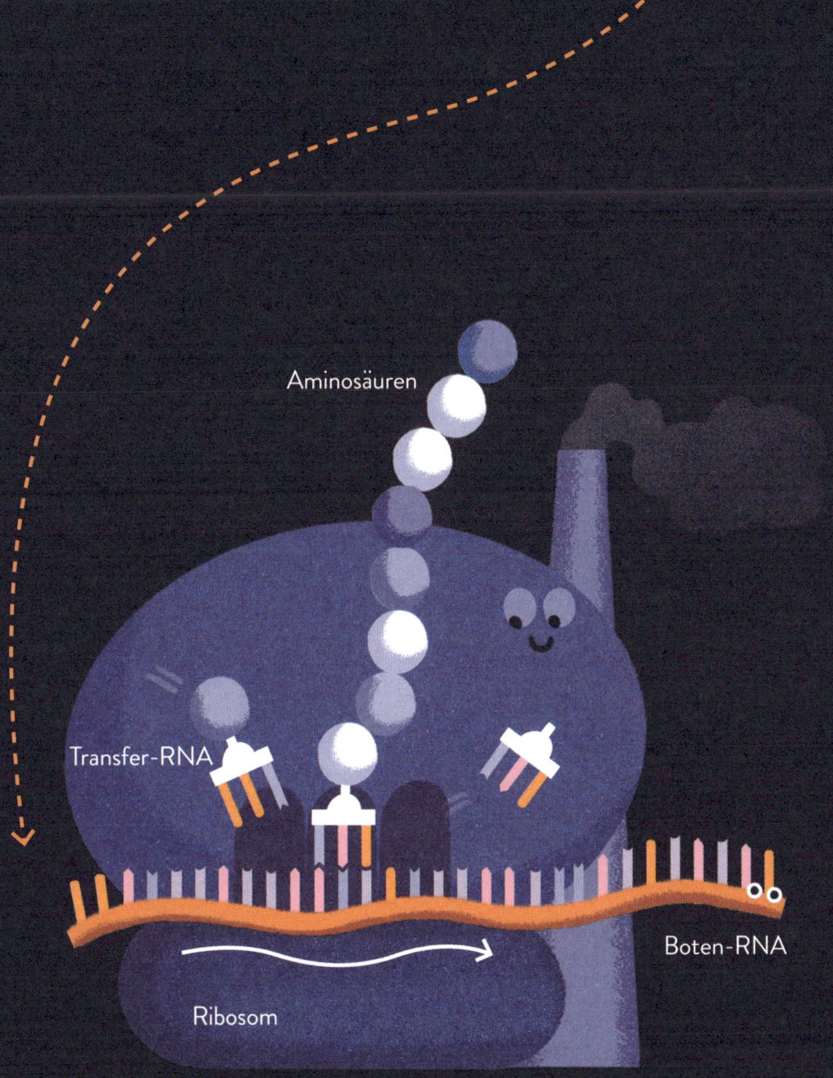

An den Eiweißfabriken werden mithilfe dieses Codes aus der Boten-RNA die Eiweiße hergestellt. Für jede 3er-Kombination aus Buchstaben gibt es dort einen passenden Adapter (auch **Transfer-RNA** genannt), der auf der einen Seite an die Boten-RNA andockt und auf der anderen Seite schon die passende Aminosäure bereitstellt. Während also die Boten-RNA von vorn bis hinten abgelesen wird, wächst gleichzeitig Schritt für Schritt auch die Kette aus Aminosäuren, aus der das Eiweiß ja besteht.

Den gesamten Herstellungsvorgang nennt man **Translation**. Vielleicht kennst du das englische Wort »translation« für Übersetzung. Das passt sehr gut, denn der Buchstaben-Code wird bei diesem Prozess ja in Aminosäuren übersetzt.

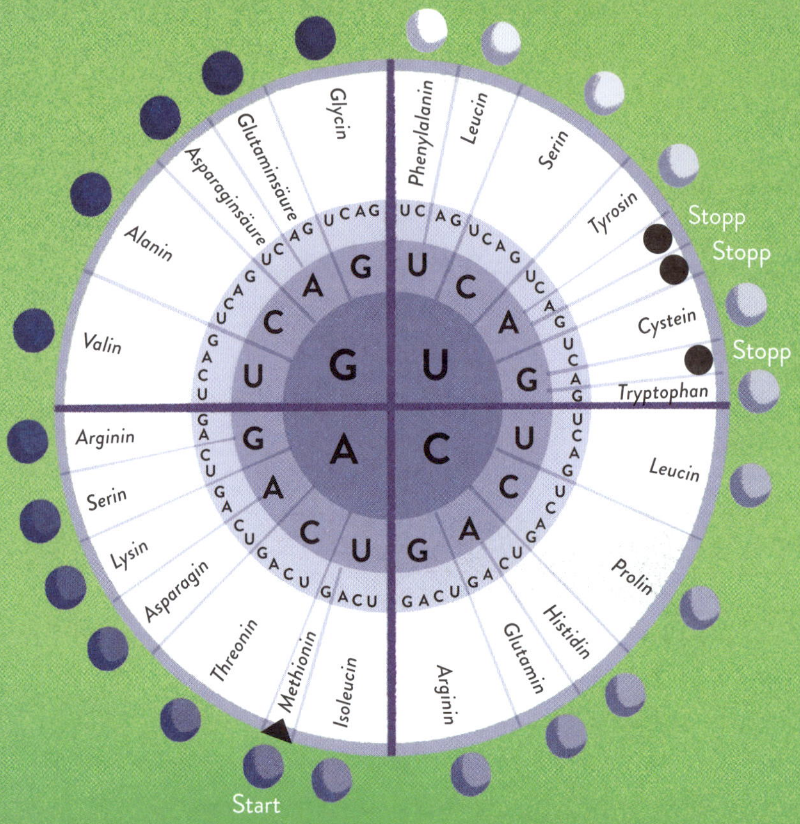

Mit einer **Code-Sonne** kannst du den Buchstaben-Code auf der Boten-RNA selbst übersetzen. Immer drei Buchstaben stehen für eine Aminosäure. Probier mal, den Code GCA zu knacken: Fang in der Mitte an. Suche den Buchstaben G. Geh nun weiter nach außen zum C und dann zum A. Na, gefunden? Der Code GCA steht für die Aminosäure Alanin! Und für die Eiweißherstellung heißt das: Wenn sich auf der Boten-RNA die Buchstabenabfolge GCA befindet, wird an den Ribosomen die Aminosäure Alanin gebildet.

Kannst du auch die folgenden Codes knacken: GUC, AGC, AUG, UAG? Die Lösungen findest du auf Seite 64.

Was hatten die Forschenden also entdeckt? Sie hatten herausgefunden, dass die Anordnung der vier Buchstaben auf der DNA vorgibt, welche Eiweiße im Körper hergestellt werden und dass diese Eiweiße festlegen, welche Merkmale wir besitzen. Die DNA kann man sich somit wie eine Art Bauplan vorstellen, der vorgibt, wie ein Lebewesen aufgebaut ist und wie es funktioniert. Die Anordnung der vier Buchstaben ist die Sprache, in der dieser Bauplan geschrieben ist. Und diese Sprache ist für alle Lebewesen gleich – ob Affe, Ameise, Gänseblümchen oder Mensch. Überall ist es der gleiche Code! Er wird daher auch als **Code des Lebens** bezeichnet.

Aminosäuren sind die Bausteine der Eiweiße.

Eiweiße haben vielfältige Aufgaben in der Zelle. Sie bestehen aus langen Aminosäureketten.

Wenn ein Eiweiß hergestellt werden soll, wird von dem DNA-Abschnitt, der die Information für dieses Eiweiß enthält, eine Kopie gemacht: die Boten-RNA. Sie wandert vom Zellkern zu den Ribosomen (»Eiweißfabriken«). Basierend auf der Buchstabenabfolge wird dort das Eiweiß hergestellt.

Translation ist die Eiweißherstellung an den Ribosomen.

Wenn ein Eiweiß hergestellt werden soll, wird von dem DNA-Abschnitt, der die Information für dieses Eiweiß enthält, eine Kopie gemacht (**Transkription**). Sie wandert vom Zellkern zu den Ribosomen (»Eiweißfabriken«). Basierend auf der Buchstabenabfolge wird dort das Eiweiß hergestellt (**Translation**).

Der genetische Code ist die Verschlüsselung der Information für die Eiweiße durch die Buchstabenabfolge auf der DNA. Jeweils drei Buchstaben (Basen) liefern die Information für eine Aminosäure.

Der genetische Code ist für alle Lebewesen gleich.

GUT VERPACKT IM ZELLKERN

Würde man alle 46 menschlichen Chromosomen entrollen und als DNA-Faden hintereinanderlegen, würde dieser Faden eine Länge von fast zwei Metern haben. Doch in der Zelle sitzt die DNA zusammengepresst im Zellkern. Und dieser Zellkern hat nur einen Durchmesser von etwa einem hundertstel Millimeter. Wie ist das möglich? Überleg mal, wie viele Meter Wolle auf einem kleinen Wollknäuel aufgewickelt sind. Ähnlich ist es bei der DNA in der Zelle.

Die DNA schwimmt nicht frei im Zellkern herum, sondern sie ist auf kugeligen Eiweißen wie auf einer Spule aufgewickelt. Und diese Eiweiße heißen **Histone**. Sie passen auf, dass sich die langen DNA-Fäden nicht verheddern und alles schön seine Ordnung hat im Zellkern. Gleichzeitig steuern sie aber auch, welche Stellen der DNA in RNA kopiert werden können.

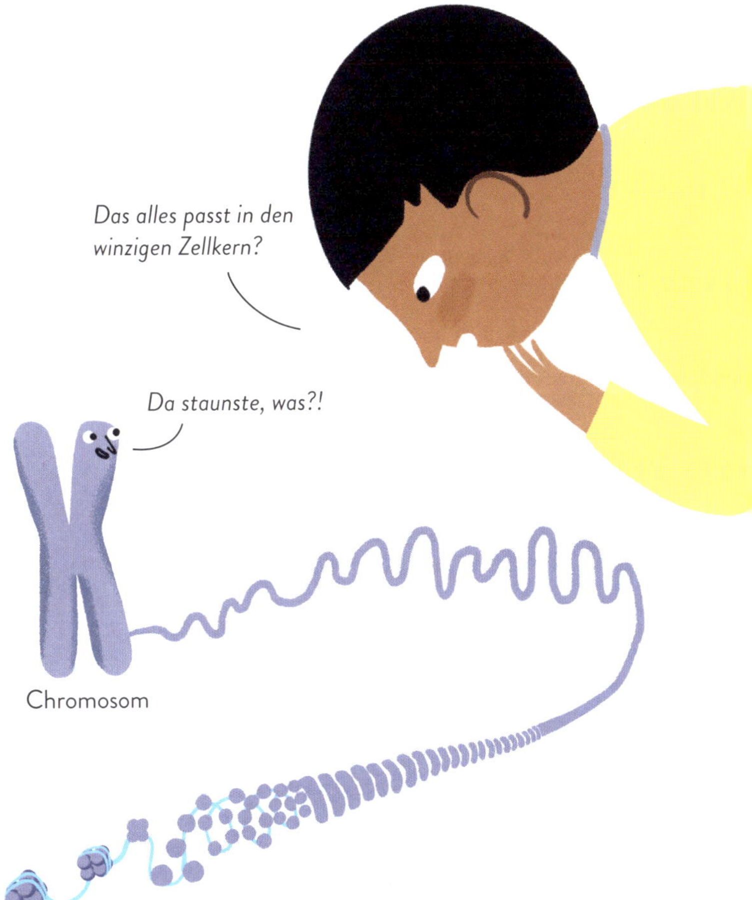

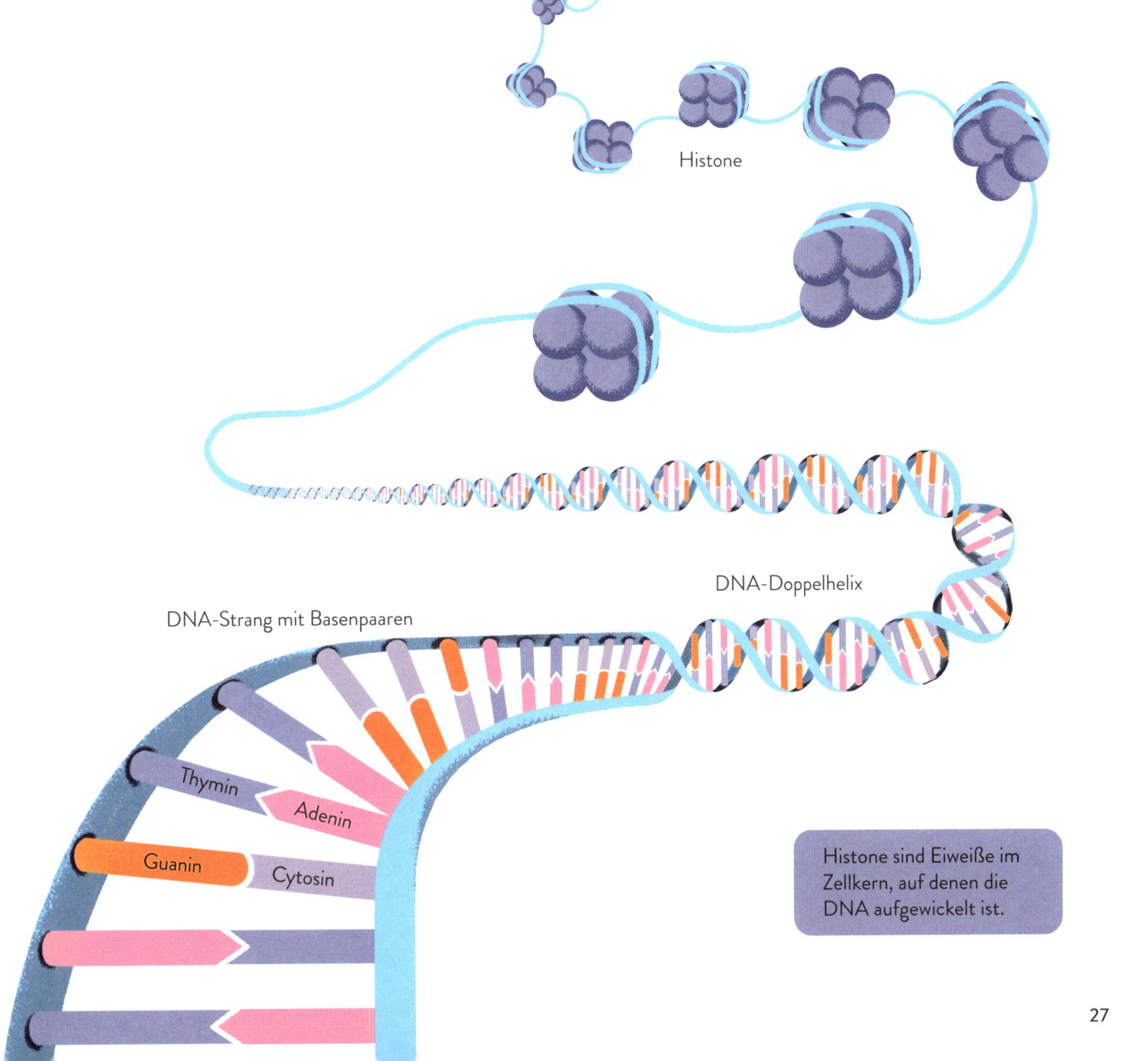

Histone sind Eiweiße im Zellkern, auf denen die DNA aufgewickelt ist.

FEHLER MACHEN

Ist dir eigentlich schon einmal ein Fehler passiert? Bestimmt, oder? Wahrscheinlich passieren jedem ab und zu Fehler. Auch das Eiweiß, das die DNA kopiert, wenn sich eine Zelle teilt (die DNA-Polymerase), macht manchmal Fehler und setzt aus Versehen eine falsche Base ein. Dies passiert ungefähr alle 100 Millionen Basen einmal. Also bei einer Zelle mit einer Abfolge von drei Milliarden Basen etwa 30-mal. Meist werden diese Fehler von speziellen Reparatureiweißen erkannt. Dann wird die falsche Base entfernt und durch die richtige Base ersetzt. Manchmal passiert dies aber auch nicht und die falsche Base bleibt in der DNA dieser Zelle. Solch eine zufällige Änderung der Basen nennt man **Mutation**.
Mutationen haben manchmal gar keinen Effekt, aber können auch zu Krankheiten führen. Krebs ist ein Beispiel für eine sehr schwere Krankheit, die durch Mutationen in der DNA entstehen kann. Durch Anhäufung verschiedener Mutationen in der DNA kommt es irgendwann dazu, dass die Funktionen der Zelle durcheinandergeraten und die Zelle anfängt, sich unkontrolliert zu vermehren. So entstehen Tumore, die sich dann im ganzen Körper ausbreiten können. Und leider sterben viele Menschen jedes Jahr an dieser Krankheit.

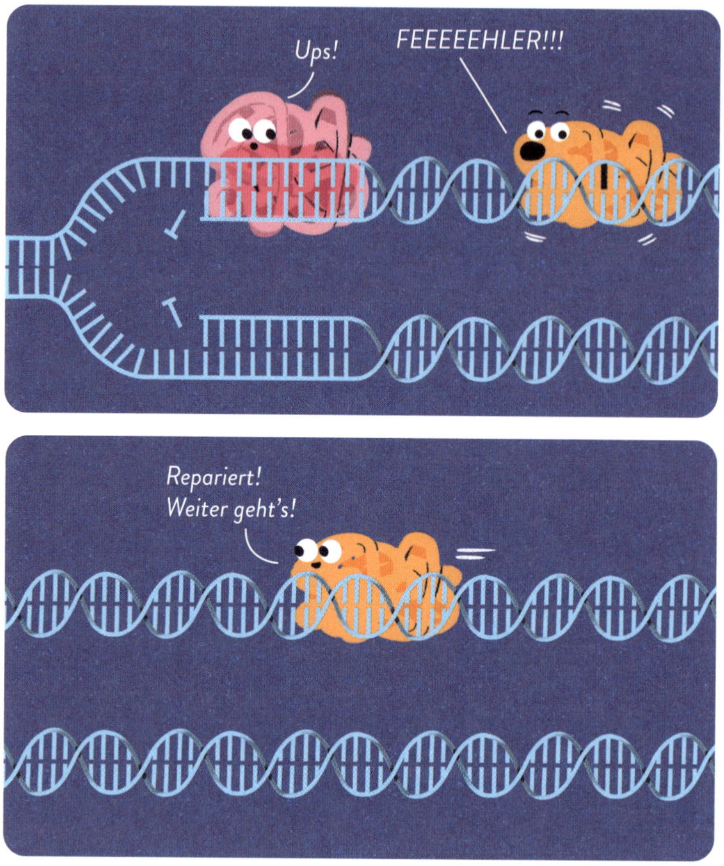

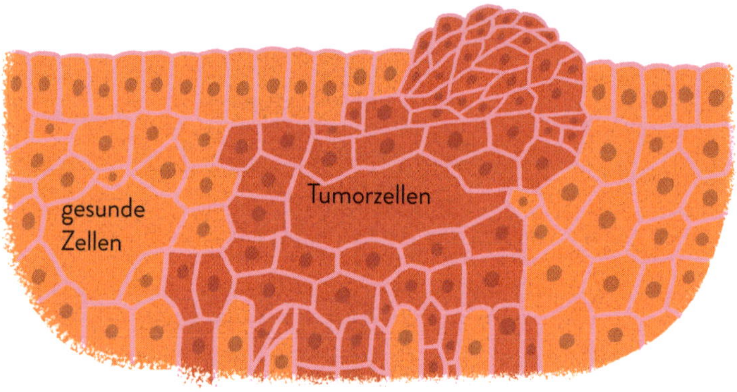

Durch unkontrolliertes Zellwachstum entsteht ein Tumor.

Umwelteinflüsse können die Entstehung von Krebs begünstigen. Denk an die Sonne: Die Wärme tut gut. Aber das **UV-Licht** der Sonne ist auch gefährlich, denn es kann die DNA in den Zellen deiner Haut schädigen und zur Entstehung von Mutationen führen und im schlimmsten Fall zu Hautkrebs. Daher ist es sehr wichtig, sich mit einer Sonnenschutzcreme vor den UV-Strahlen zu schützen.

Mutationen in den Körperzellen haben nur Einfluss auf das Lebewesen, bei dem diese Mutationen vorkommen. Aber wenn Mutationen in den Keimzellen auftreten, dann werden diese Veränderungen von den Eltern an ihre Kinder weitervererbt. Und die Kinder können sie wieder an ihre Kinder weitergeben. Manche Mutationen werden auf diese Weise Ursache von **Erbkrankheiten**.

Ein Beispiel, wie die Veränderung eines einzelnen Buchstabens in der DNA zu einer sehr schweren Erbkrankheit führt, ist die **Sichelzellkrankheit**. Bei dieser Erkrankung ist an einer Stelle in der DNA die Base A (Adenin) fälschlicherweise durch T (Thymin) ersetzt, und zwar in dem Gen, das für die Herstellung vom roten Blutfarbstoff verantwortlich ist. Die roten Blutkörperchen fließen überall in deinen Blutgefäßen und der rote Blutfarbstoff in den roten Blutkörperchen ist dabei für den Transport von Sauerstoff verantwortlich. Er ist lebensnotwendig, denn alle Zellen in deinem Körper benötigen Sauerstoff, um zu überleben. Aus der Basenabfolge GAG wird durch den Austausch die Abfolge GTG. Und so wird statt der Glutaminsäure die Aminosäure Valin hergestellt.

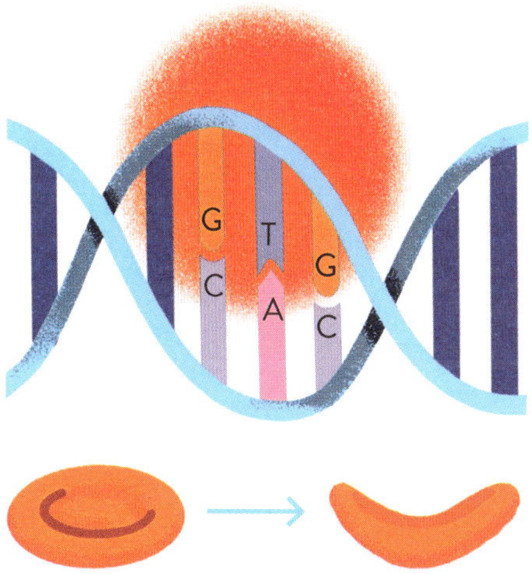

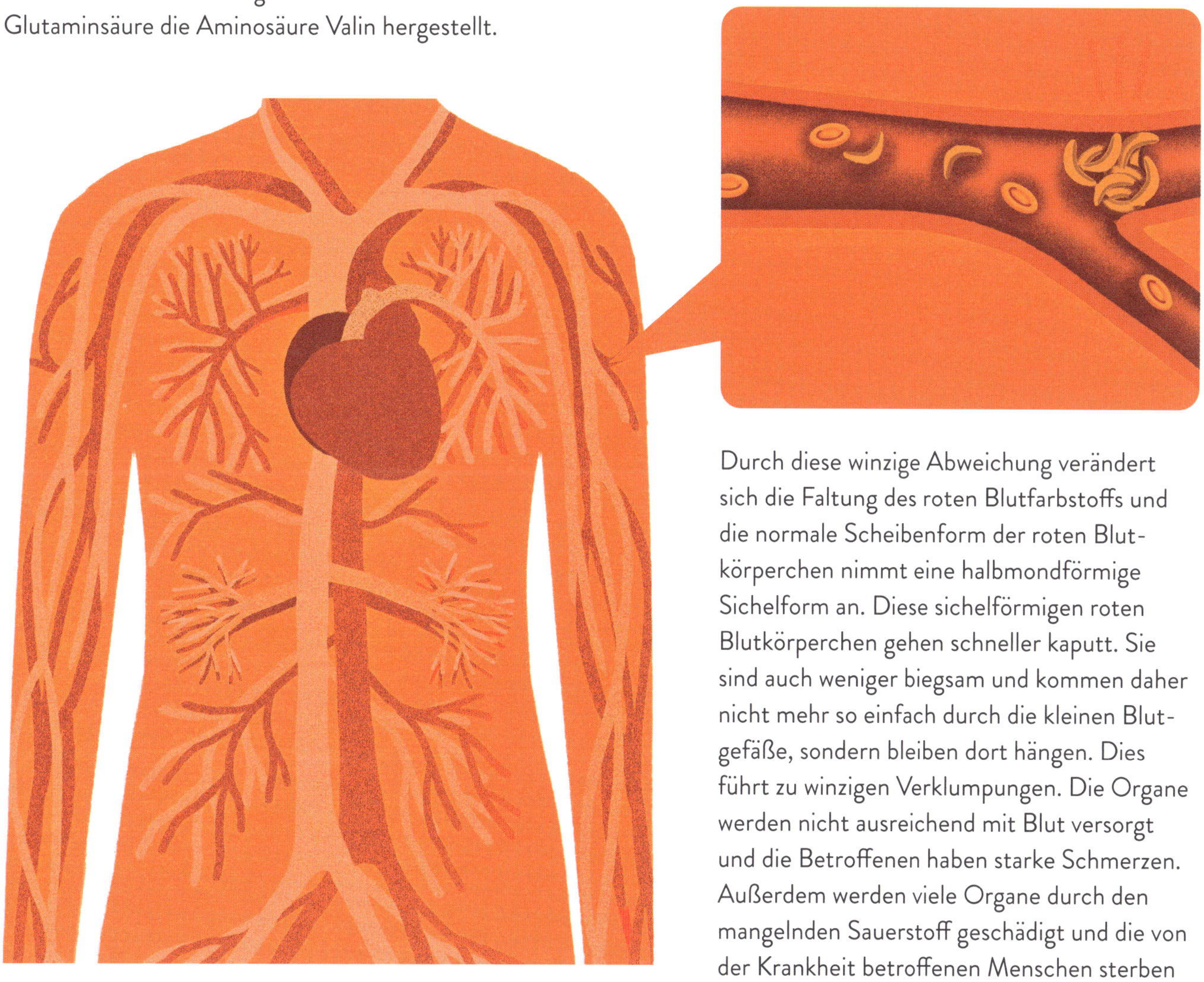

Durch diese winzige Abweichung verändert sich die Faltung des roten Blutfarbstoffs und die normale Scheibenform der roten Blutkörperchen nimmt eine halbmondförmige Sichelform an. Diese sichelförmigen roten Blutkörperchen gehen schneller kaputt. Sie sind auch weniger biegsam und kommen daher nicht mehr so einfach durch die kleinen Blutgefäße, sondern bleiben dort hängen. Dies führt zu winzigen Verklumpungen. Die Organe werden nicht ausreichend mit Blut versorgt und die Betroffenen haben starke Schmerzen. Außerdem werden viele Organe durch den mangelnden Sauerstoff geschädigt und die von der Krankheit betroffenen Menschen sterben häufig schon sehr jung.

Eine Mutation ist eine Veränderung der Basenabfolge auf der DNA. Sie tritt spontan (also ohne äußeren Anlass) auf oder wird durch das Einwirken von Chemikalien oder energiereicher Strahlung (Radioaktivität, UV-Strahlen) ausgelöst.

Mutationen in den Keimzellen werden an die Nachkommen weitergegeben. Sie können die Ursache von Erbkrankheiten sein.

VON DER VIELFALT

Nun haben wir viel davon gehört, wie Mutationen Unheil anrichten können. Mutationen sind aber nicht immer nur schlecht. Ganz im Gegenteil! Sie sind nämlich die Voraussetzung für die Vielfalt des Lebens auf unserer Erde. Sie sind die Voraussetzung, dass es uns Menschen überhaupt gibt.
Und das alles hat mit der **Evolution** zu tun. Evolution, was ist das nun wieder? Lass uns dafür noch einmal etwas zurückgehen in der Geschichte. Bis zu Mendels Erbsenexperimenten. Und sogar noch ein klitzekleines bisschen weiter. Zu einem Forscher namens **Charles Darwin**.

Von 1831 bis 1836 war Darwin mit dem Forschungsschiff »Beagle« auf Expedition und dabei besonders in Südamerika unterwegs. Während seiner Reise beobachtete er die Tier- und Pflanzenwelt sehr genau und stellte auf der Grundlage seiner Beobachtungen eine Theorie auf, wie sich das Leben auf der Erde entwickelt haben könnte. 1859 veröffentlichte er dazu sein berühmtes Buch »Über die Entstehung der Arten«. Er hatte die Idee, dass alle Lebewesen von einem gemeinsamen Vorfahren abstammten und sich von diesem Vorfahren weiterentwickelten. Denn hin und wieder gab es **Merkmalsvarianten**. Und manchmal brachten diese Varianten einen Vorteil für das Überleben. Wenn es nun zu einer Dürre kam, hatten wahrscheinlich die Tiere einen Vorteil, die mit etwas weniger Wasser auskamen. Sie überlebten und gaben ihre Gene weiter an ihre Nachkommen. Wenn es zu Überflutungen kam, waren die im Vorteil, die besser schwimmen konnten – und so weiter. Wenn es also zu Veränderungen der Umweltbedingungen kam, blieben vorteilhafte Varianten erhalten, während unvorteilhafte wieder verloren gingen. Es fand somit eine natürliche Auslese zugunsten der Varianten statt, die an die neue Umgebung besonders gut angepasst waren. Und so entwickelten sich die Lebewesen über die Generationen weiter. Darwin stellte sich das bildlich wie einen **Baum des Lebens** vor, dessen Äste sich immer stärker verzweigten.

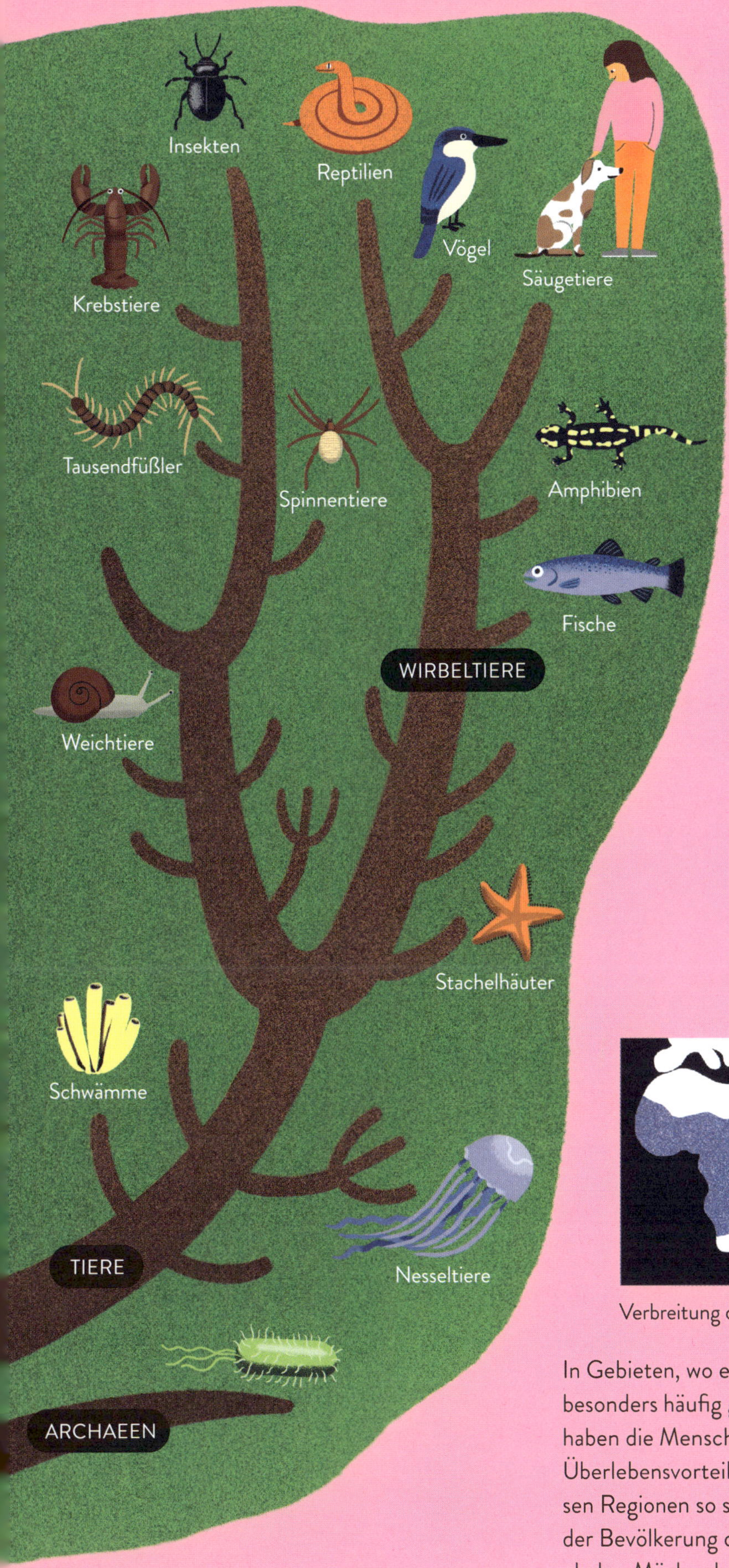

Später wusste man, dass die Merkmalsvarianten durch Mutationen hervorgerufen werden. Mutationen führen zu **genetischer Vielfalt**. Und diese genetische Vielfalt ermöglicht, dass sich Lebewesen an sich verändernde Umweltbedingungen anpassen können. Mangelnde Variation hingegen gefährdet das Überleben, weil die Fähigkeit zur Anpassung verloren geht. Dies gilt für uns Menschen wie auch für alle anderen Lebewesen. Es ist ein grundlegendes Prinzip der Natur.

Lass uns noch einmal auf die Sichelzellkrankheit zurückkommen, denn sie liefert ein gutes Beispiel für Evolution bei uns Menschen: Wie du vorn gelesen hast, ist die Sichelzellkrankheit eine sehr schwere Erkrankung. Dies gilt aber nur für die Menschen, die die Mutation sowohl auf dem väterlichen als auch auf dem mütterlichen Chromosom tragen. Die also zwei Kopien des fehlerhaften Gens geerbt haben. Menschen, die die Mutation nur auf einem der beiden Chromosomen tragen, sind meist beschwerdefrei. Hier hat die Mutation sogar einen sehr positiven Nebeneffekt, denn sie schützt vor einer anderen schweren Krankheit: der Malaria. Diese Krankheit wird von kleinen Erregern, den Plasmodien, verursacht, die durch die Anopheles-Mücke übertragen werden. Jedes Jahr sterben daran Millionen Menschen.

Verbreitung der Malaria

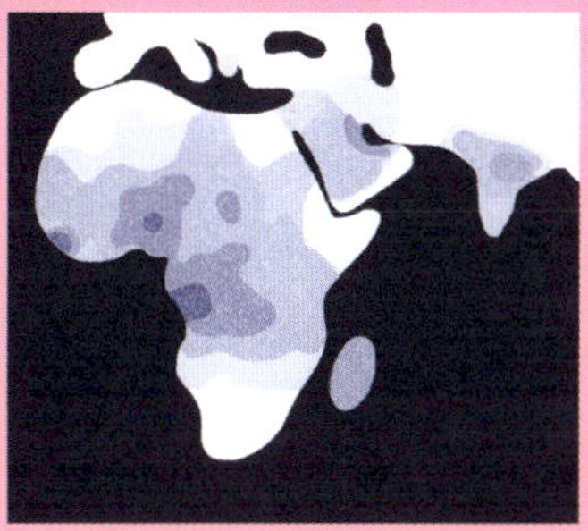

Verbreitung der Sichelzellmutation

In Gebieten, wo es die Anopheles-Mücke (und damit die Malaria) besonders häufig gibt, zum Beispiel in vielen Regionen Afrikas, haben die Menschen mit der Mutation also einen sehr großen Überlebensvorteil. Und über die Zeit hat sich die Mutation in diesen Regionen so stark ausgebreitet, dass mittlerweile die Mehrheit der Bevölkerung diese Mutation trägt. In Regionen, wo die Anopheles-Mücke aber nicht vorkommt und es daher im Normalfall auch keine Malaria gibt, ist die Mutation hingegen extrem selten. Denn hier haben Menschen mit der Mutation keinen Vorteil.

Die Evolution beschreibt die Entstehung der Arten durch zufällige Veränderung der DNA (Mutation) und natürliche Auslese (Selektion).

GEFANGEN IN DEN GENEN?

Dass die Information darüber, wie wir aussehen bereits fest in unserer DNA verankert liegt, haben wir schon herausgefunden. Aber wie ist das mit unserem Verhalten, unserer Persönlichkeit, unserer Intelligenz und unseren Interessen? Und mit den Krankheiten, die wir bekommen und wie alt wir einmal werden? Ist auch das alles bereits fest niedergeschrieben? Oder hängt das von unserem Umfeld und unserem Lebensstil ab? Also wo und wie wir leben, was für Erfahrungen wir sammeln und wie wir uns ernähren ... Die grundlegende Frage ist: Ist unsere Zukunft schon fest im Bauplan niedergeschrieben? Oder haben wir sie selbst in der Hand?

Im Jahr 1979 wurde der Verhaltenspsychologe **Thomas Bouchard** auf einen interessanten Zeitungsartikel aus der lokalen Presse gestoßen. Es war ein Bericht über ein eineiiges Zwillingspaar, das unmittelbar nach der Geburt getrennt und erst etwa 30 Jahre später wiedervereint wurde. Der Fall war beeindruckend, denn es ergaben sich einige bizarre Ähnlichkeiten in ihrem Leben: Beide Zwillinge hatten Frauen mit Namen Linda geheiratet. Der Sohn des einen hieß James Alan, der Sohn des anderen James Allan. Beide hatten Hunde, die sie Toy genannt hatten. Beide waren Kettenraucher derselben Zigarettenmarke und hassten Baseball. Beide mochten Tischlern und hatten in ihrem Vorgarten eine ähnliche Bank um den Baum gebaut. War dies einfach eine verrückte Aneinanderreihung von Zufällen oder offenbarte sich hier die geheime Macht der Gene?

Bouchard begann eine Studie, für die er genau solche **eineiigen Zwillinge** suchte wie in dem Zeitungsartikel: früh nach der Geburt getrennt und erst Jahre später wiedervereint. Denn bei diesen Zwillingen konnte man den Einfluss der Gene gut untersuchen: Sie hatten die gleichen Gene, aber hatten durch das getrennte Aufwachsen unterschiedliche Umwelteinflüsse erlebt. Wenn sich nun bei den körperlichen und psychologischen Tests Übereinstimmungen zwischen den Zwillingen ergaben, konnten diese also nicht auf die Einflüsse der Umwelt zurückgeführt werden, sondern mussten ihre Ursache in der DNA haben. Die Ergebnisse verglich er dann mit denen von eineiigen Zwillingen, die nicht getrennt wurden, bei denen also die Umwelteinflüsse gleich waren.

Über **100 Zwillingspaare** wurden von Bouchard und seinem Team untersucht und die Ergebnisse waren verblüffend: Die Übereinstimmungen in den körperlichen Merkmalen hatte man erwartet. Aber auch bei den Intelligenztests, bei den Tests zur Persönlichkeit, zu den Vorlieben, zum Verhalten, zu den persönlichen Einstellungen und zum Temperament zeigten sich große Übereinstimmungen bei den getrennten Zwillingen. Häufig waren es kleine Besonderheiten, die bei einzelnen Zwillingspaaren herausstachen: das gleiche auffällige Kichern, die gleiche ungewöhnlich tiefe Stimme, der gleiche seltsame Humor, die gleiche Art, sich hinzusetzen oder sich zu bewegen, die Freude an der gleichen Musik, die gleichen gelesenen Bücher, ein gleicher extravaganter Kleidungsstil. Sogar die gleichen Ängste und Albträume wurden manchmal berichtet. Es war faszinierend und irgendwie auch seltsam. Ja, die Gene hatten offenbar einen erheblichen Einfluss auf diese Merkmale. Insgesamt fanden Bouchard und sein Team heraus, dass etwa die Hälfte der Persönlichkeits- und Verhaltensmerkmale durch die Gene bedingt waren und die andere Hälfte durch die Umwelt. Bei der Intelligenz war die Übereinstimmung sogar noch höher und der Einfluss der Gene damit wahrscheinlich noch größer.
Die Forschenden begaben sich auf die Suche nach den Genen, die für unsere Persönlichkeit und unser Verhalten verantwortlich sind.
Für neugieriges und risikobereites Verhalten fanden sie zum Beispiel einen Zusammenhang mit einer speziellen Genvariante, die daher bald auch als Entdecker-Gen oder Reise-Gen bezeichnet wurde. Doch diese Variante kann nicht bei allen Menschen mit diesem Charakterzug nachgewiesen werden und ist zudem auch bei vielen Menschen zu finden, die eigentlich gar nicht besonders neugierig oder risikobereit sind.
Es gibt eben nicht das eine Gen für Neugierde oder das eine Gen für Ängstlichkeit. Für diese komplexen Charakterzüge sind nie nur einzelne Gene verantwortlich, sondern viele Gene, die zusammenwirken müssen. Zudem sind auch die Einflüsse der Umwelt mitentscheidend, ob und wie sich ein bestimmtes Persönlichkeitsmerkmal ausbildet. Gleiches gilt für viele Krankheiten, wie zum Beispiel Bluthochdruck, Zuckerkrankheit und Krebs, bei denen auch viele Gene gemeinsam und im Zusammenspiel mit den Umwelteinflüssen bestimmen, ob die Krankheit letztendlich ausbricht.

Persönlichkeit und Verhalten sind etwa zur Hälfte durch die Gene bedingt und zur anderen Hälfte durch die Umwelt.

Für komplexe Merkmale sind viele Gene verantwortlich, die zusammenwirken.

FAMILIENBANDE

Gene haben also offenbar einen ordentlichen Einfluss darauf, wer wir sind. Sie werden uns von unseren Eltern vererbt: die Hälfte von unserer Mutter und die andere Hälfte von unserem Vater. Aber wie viele Gene haben wir von unseren Großeltern erhalten? Und wie viele Gene teilen wir uns mit unseren Geschwistern, Onkeln und Tanten? Schau mal!

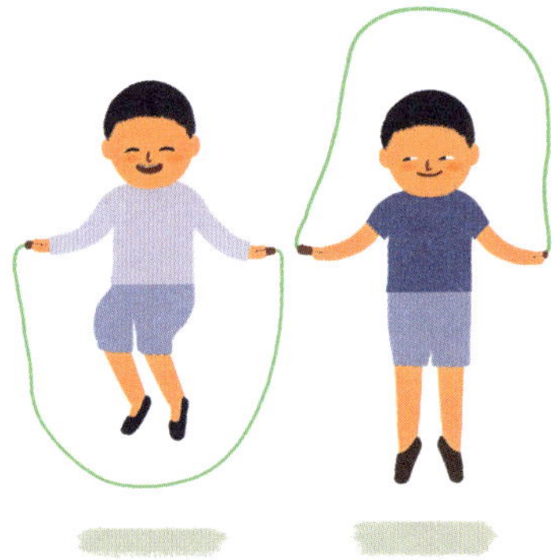

Eineiige Zwillinge
100 % gemeinsame Gene

Geschwister oder zweieiige Zwillinge
etwa 50 % gemeinsame Gene

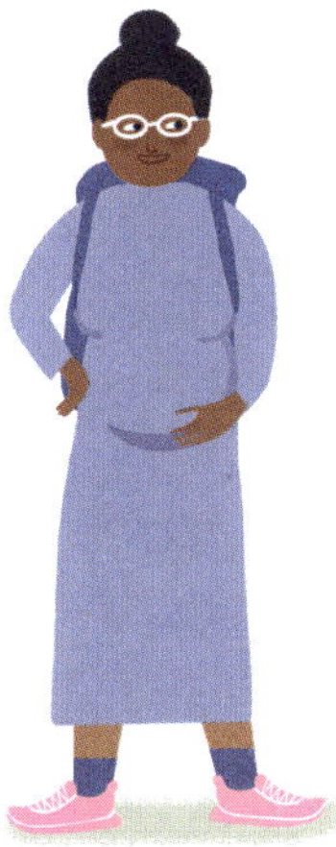

Tante
etwa 25 %
gemeinsame Gene

Eltern – Kinder
etwa 50 %
gemeinsame Gene

Onkel
etwa 25 %
gemeinsame Gene

Cousine und Cousin
etwa 12,5 %
gemeinsame Gene

Großeltern – Enkelkinder
etwa 25 %
gemeinsame Gene

Halbgeschwister (derselbe Vater oder dieselbe Mutter)
etwa 25 % gemeinsame Gene

Adoptiveltern und Adoptivgeschwister
0 % gemeinsame Gene

DER BAUPLAN DES MENSCHEN

Schon 1977 entwickelten die Forscher **Walter Gilbert** und **Fred Sanger** unabhängig voneinander erste Techniken, um die Abfolge der Buchstaben (Basen) auf der DNA zu bestimmen. Dieses Ablesen der Buchstaben bezeichnet man als **»Sequenzieren«**. Zuerst las man nur einzelne, kurze Abschnitte auf der DNA. Aber irgendwann fragte man sich, wie es wäre, wenn man den gesamten Bauplan des Menschen, also die Abfolge aller Buchstaben der DNA, lesen könnte.
Das war eine sehr verführerische Idee. Denn in der DNA musste die gesamte Information über uns Menschen verankert sein, mit allem, was uns ausmacht. Unser Aussehen, unser Verhalten, unser Denken, warum wir altern, warum wir krank werden ... Würden wir all das in unserer DNA finden?

Aber 3.000.000.000 Buchstaben, das war ein ehrgeiziges Ziel! Deshalb schlossen sich auch über tausend Forscher und Forscherinnen aus 40 Ländern zusammen, um dieses Ziel gemeinsam zu erreichen. Das **Humangenomprojekt** (Humangenom = Gesamtheit der genetischen Information des Menschen) war geboren und 1990 begannen die ersten Sequenzierarbeiten. Doch das Projekt ging nur langsam voran. Der Forscher **Craig Venter** wollte die Sequenzierung mit einer neuen Sequenziermethode beschleunigen und das menschliche Genom im Alleingang sequenzieren. Ein wahrer Wettstreit entwickelte sich, wer der schnellere sein würde: Craig Venter oder die Forschenden vom Humangenomprojekt.
Doch dieser Wettstreit endete versöhnlich und am 26. Juni 2000 verkündeten sie vor laufenden Kameras, dass die (nahezu) vollständige Sequenzierung der menschlichen DNA geglückt sei. 2001 wurden die Daten schließlich veröffentlicht und zwei Jahre später, 13 Jahre nach Beginn, war das Sequenzierprojekt abgeschlossen. Ein Meilenstein in der Geschichte der Menschheit!

Und – war das Geheimnis über uns Menschen nun entziffert? Tatsächlich waren die Ergebnisse ziemlich verblüffend und auch irgendwie enttäuschend: Nur etwa 20.000–25.000 Gene haben wir. Das sind kaum mehr Gene als bei einer Fliege oder einem Wurm. Wie konnte das sein? Der Mensch ist doch viel komplexer aufgebaut. Und haben wir nicht viel mehr geistige Fähigkeiten? Wie sollten diese Gene die gesamte Information über uns Menschen enthalten? Und überhaupt bestand nur ein winziger Anteil (etwa 1 %) der gesamten DNA aus Genen. Wofür war der Rest, der nicht für die Herstellung von Eiweißen verwendet wurde? Von einigen Forschern und Forscherinnen wurde dieser Anteil erst einmal etwas abfällig als »junk DNA« bezeichnet. »Junk« bedeutet im Englischen »Müll«. Der gesamte Rest, also 99 % der DNA, sollte einfach Datenmüll sein?

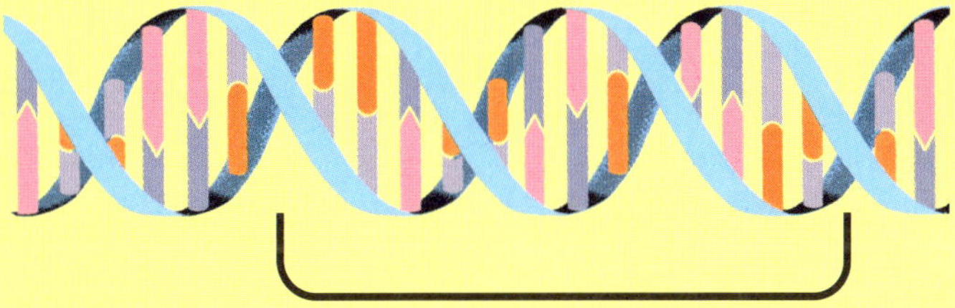
Ein Gen ist ein Abschnitt auf der DNA.

Es wurde schnell klar, dass zwar durch die Sequenzierung eine Unmenge an Information gewonnen wurde, aber dass das doch alles etwas komplizierter war, als man es sich erhofft hatte. Die Forscher und Forscherinnen konnten nun die einzelnen Buchstaben lesen, verstanden aber immer noch nicht den Sinn der Wörter und Sätze, die diese Buchstaben bildeten.

Und so war das Ende des Humangenomprojekts schon direkt der Anfang eines neuen Projekts mit dem Namen **ENCODE**. Ziel dieses Projekts ist es, die Funktion der einzelnen Gene und die Zusammenarbeit der verschiedenen Gene zu untersuchen.

Die Forscher und Forscherinnen fanden dabei heraus, dass ein Großteil des vermeintlichen »Mülls« für die Herstellung von RNA verantwortlich ist. Die Boten-RNA und die Transfer-RNA kennst du ja bereits. Aber dies waren neue RNA-Sorten. Sie steuern, von welchen Genen Eiweiße hergestellt werden – und von welchen nicht. Offenbar ist also nicht nur die pure Anzahl der Gene dafür verantwortlich, wie kompliziert ein Lebewesen aufgebaut ist, sondern auch die Steuerung, welche Gene aktiv sind. Und auf noch etwas anderes stießen sie: seltsame kleine Anhängsel an der DNA und an den kugeligen Histon-Eiweißen, auf der die DNA aufgespult ist. An manchen Stellen mehr, an manchen weniger. Und bald verstand man, welch große Rolle diese Anhängsel spielen.

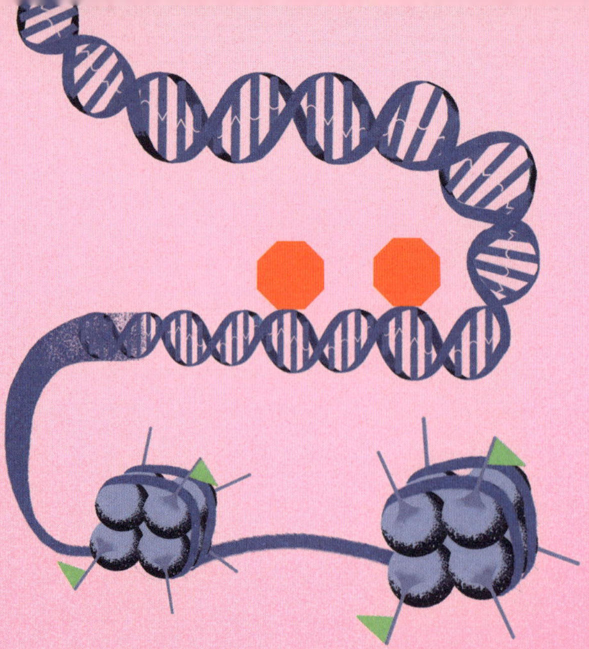

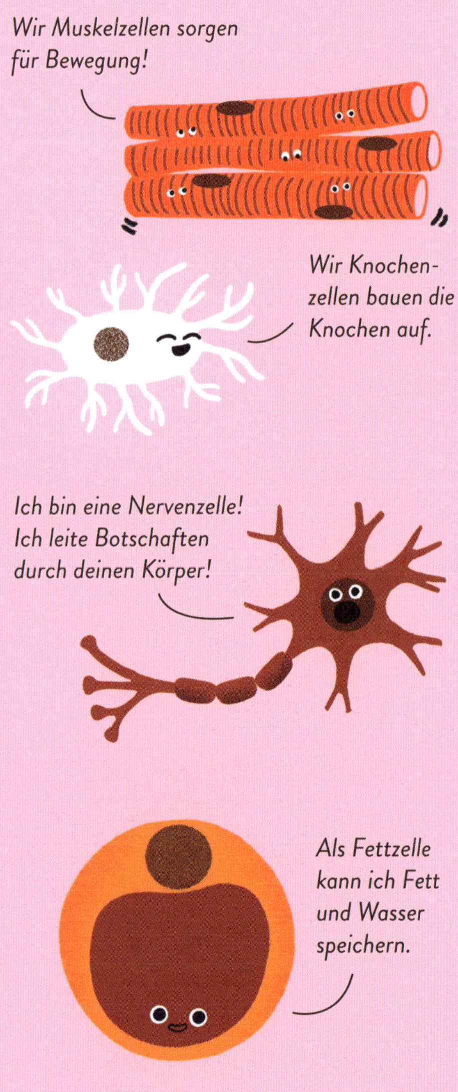

Die verschiedenen Zelltypen im Körper enthalten im Zellkern zwar dieselbe DNA, trotzdem wissen sie, dass sie unterschiedliche Aufgaben erfüllen müssen.

Vielleicht hast du dich das schon längst gefragt: Wie kann es eigentlich sein, dass alle unsere Zellen im Körper die gleiche DNA im Zellkern enthalten, aber doch häufig ganz verschieden aussehen und sehr unterschiedliche Aufgaben im Körper haben? Wie weiß also zum Beispiel die Hautzelle, dass sie eine Hautzelle ist und nur die Eiweiße herstellen soll, die für die Hautzelle wichtig sind? Das ist nämlich sehr wichtig, dass sie das weiß. Denn wenn sie plötzlich anfinge, die Eiweiße der Muskelzelle herzustellen, gäbe es ein großes Chaos. Und genau hier kommen die Anhängsel ins Spiel. Sie markieren, welche Gene aktiv und welche stumm bleiben in den Zellen – also von welchen Genen letztendlich Eiweiße hergestellt werden sollen und von welchen nicht. Sie bleiben auch erhalten, wenn sich Zellen teilen. Die Tochterzellen haben wieder die gleichen Anhängsel an den gleichen Stellen. So wird sichergestellt, dass die Hautzelle auch wirklich eine Hautzelle bleibt und aus einer Hautzelle auch nur Hautzellen werden können. Die Anhängsel erinnern also jede einzelne Zelle im Körper daran, welche spezielle Aufgabe sie zu erfüllen hat. Sie sind das **Zellgedächtnis**.
Und noch etwas fanden die Forschenden über die Anhängsel heraus: Die Umwelt hat einen starken Einfluss, wo und in welcher Menge sie eingebaut werden. Außerdem können sie auch wieder entfernt werden. So kann die Zelle recht flexibel darauf regieren, wenn sich die Umweltbedingungen ändern. Unsere Ernährung, unsere Erlebnisse und unsere Erfahrungen, ob wir uns zu Hause oder in der Schule wohlfühlen oder nicht. Ob wir Sport treiben oder Musik machen. Oder gar keine Hobbys haben. All das beeinflusst uns und hinterlässt Spuren in uns – man wusste nur lange nicht wie. Und nun fing man an zu verstehen, wie Umwelteinflüsse auf uns einwirken und unsere Gene von außen steuern können. Endlich war die Verbindung da zwischen der Außenwelt und unseren Genen. Eine ganz neue Ebene der Information und Komplexität war also entdeckt worden. Und weil diese Information über die Abfolge der Buchstaben hinausgeht, bezeichnet man sie auch als **epigenetisch** (von griechisch »epi« = darüber).

Um sich den großen Einfluss dieser epigenetischen Markierungen klarzumachen, lass uns einmal in die Tierwelt schauen: zu den Honigbienen. Du weißt sicherlich, dass die Honigbienen in einem großen Staat zusammenleben. Es gibt eine Königin. Sie bleibt im Bienenstock und ihre Hauptaufgabe ist es, Eier zu legen, damit neue Bienen schlüpfen können. Und dann gibt es noch viele Arbeiterinnen, die verschiedenste Aufgaben im Staat erfüllen, von der Verteidigung des Bienenstocks, zur Pflege der Eier und Larven bis hin zum Sammeln von Pollen und Nektar. Selbst legen sie aber keine Eier. Man kann die Königin schnell von einer Arbeiterin unterscheiden, denn sie ist viel größer. Aber woher kommen die Unterschiede? Warum entsteht einmal eine Königin und einmal eine Arbeiterin? Die Buchstabenabfolge in der DNA von Königin und Arbeiterin kann es nicht sein, sie ist absolut identisch. Eins fällt aber auf: Wenn man sich die Markierungen auf der DNA anschaut, dann sieht man, dass hunderte von Genen bei der Königin anders markiert sind als bei der Arbeiterin. Warum? Während die Königin in ihrer gesamten Entwicklung zur fertigen Biene als Nahrung den »Gelée Royale« erhalten hat, wird bei den Arbeiterinnen ab einem bestimmten Zeitpunkt die Ernährung auf eine andere Nahrung umgestellt. Die Unterschiede in der Ernährung führen also zu den unterschiedlichen Markierungen und legen damit fest, ob aus der kleinen Bienenlarve eine Arbeiterin oder eine Königin wird.

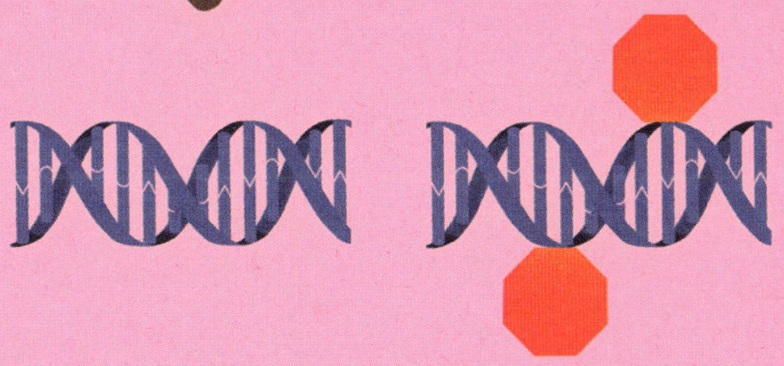

Das Humangenomprojekt war ein weltweites Forschungsprojekt mit dem Ziel, das gesamte Genom des Menschen zu sequenzieren. Es wurde im Jahr 1990 begonnen und im Jahr 2003 abgeschlossen.

Das ENCODE-Projekt hat das Ziel, die Funktion der Gene im menschlichen Genom zu bestimmen. Es wurde im Jahr 2003 begonnen.

Epigenetische Veränderungen sind Veränderungen an den Chromosomen, die sich auf die Aktivität der Gene auswirken, die aber nicht die Buchstabenabfolge der DNA betreffen. Sie lassen sich von der Umwelt stark beeinflussen.

Bei der DNA-Sequenzierung wird die Buchstabenabfolge (Basenabfolge) auf der DNA bestimmt.

Das Genom ist die Gesamtheit aller Gene eines Organismus.

VOM VERGLEICHEN

Auch von anderen Lebewesen waren schon bald die Baupläne als Ganzes bekannt. Und die Forschenden fingen an, die **Baupläne der verschiedenen Lebewesen** zu vergleichen. Manche Abschnitte waren bei allen Lebewesen identisch. Bei diesen Abschnitten nahm man an, dass sie für Funktionen verantwortlich sind, die für alle Lebewesen zum Überleben notwendig sind.

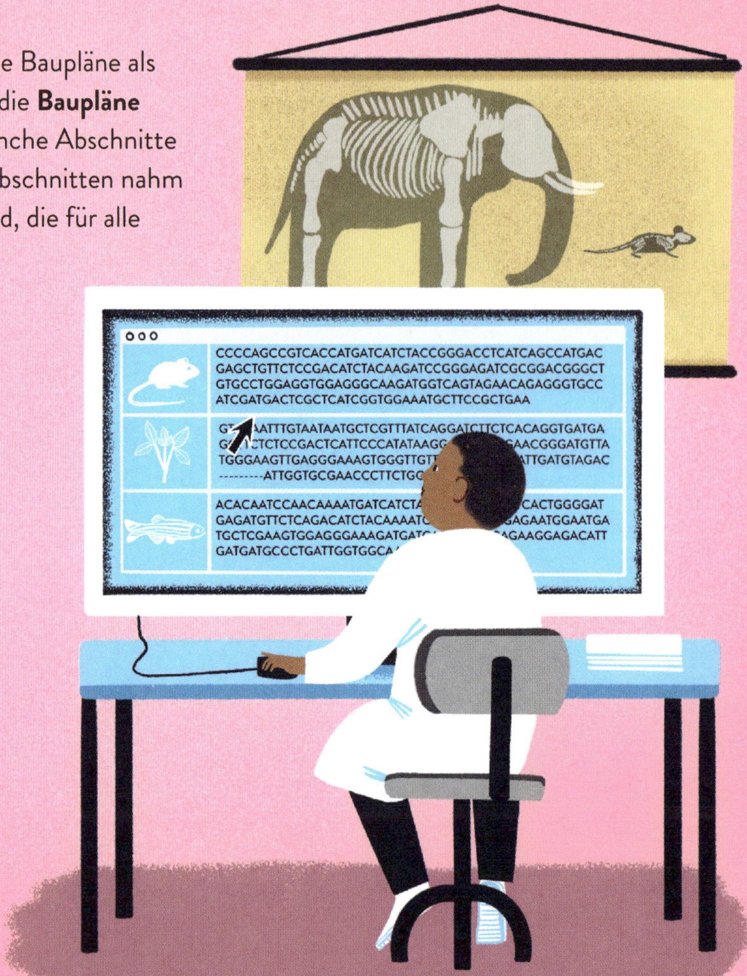

Aber auch Unterschiede konnte man nun gezielt untersuchen und schauen, welche Auswirkungen diese Unterschiede haben. Wenn zum Beispiel ein bestimmter Abschnitt beim Menschen im Vergleich zu einem anderen Lebewesen ganz anders ist, dann ist dieser Abschnitt möglicherweise verantwortlich für ein Merkmal, das nur beim Menschen vorkommt.

Ganz besonders spannend war der Vergleich zwischen Mensch und Schimpanse, da sie sehr nah verwandt sind. Etwa 99 % der DNA des Schimpansen ist identisch zu der des Menschen. Der Unterschied beträgt also nur etwa 1 %. Bei drei Milliarden Buchstaben sind das etwa 30 Millionen Unterschiede.

Wie hat sich der Mensch weiterentwickelt, seitdem sich die Evolutionswege von Schimpanse und Mensch vor einigen Millionen Jahren trennten? Er hat einen aufrechten Gang entwickelt. Er hat sein Fell (größtenteils) verloren. Aber vor allem hat sich sein Gehirn deutlich vergrößert und er hat gelernt zu sprechen. In den 30 Millionen unterschiedlichen Buchstaben mussten die dafür verantwortlichen Gene liegen. Für die Entwicklung der Sprache wurde bereits ein interessantes Gen gefunden: FOXP2. Man nennt es auch »das Sprachgen«. Dieses Gen unterscheidet sich beim Schimpansen und Menschen an verschiedenen Stellen. Und die Forschenden vermuten, dass die Veränderungen in diesem Gen eine wichtige Rolle bei der Entwicklung der menschlichen Sprache gespielt haben.

Auch die DNA von verschiedenen Menschen lässt sich untereinander vergleichen. 99,9 % unserer DNA ist identisch. Wir unterscheiden uns somit in nur 0,1 %. Das sind etwa drei Millionen Buchstaben. Dort müssen die Unterschiede für unser unterschiedliches Aussehen, für die Unterschiede in unserem Verhalten, unserer Persönlichkeit und unserer Neigung zu Krankheiten verankert sein. Nun hofft die Wissenschaft, dass sie durch die Untersuchung der Unterschiede herausfinden kann, welche Abschnitte auf der DNA für welche Merkmale verantwortlich sind.

Im Jahr 2008 begann das **»1000-Genom-Projekt«**. In diesem Projekt untersucht man gezielt die Unterschiede zwischen verschiedenen Menschen und guckt, welche Auswirkungen die Unterschiede in der DNA auf die Merkmale der einzelnen Menschen haben. Das ursprüngliche Ziel von 1000 Menschen wurde bereits vier Jahre später erreicht und erste Ergebnisse veröffentlicht. Doch das Projekt wurde fortgesetzt und erweitert. Aus diesem und ähnlichen Projekten können sehr wertvolle Erkenntnisse gesammelt werden. Denn wenn wir lernen, worin unsere Unterschiede bestehen, können wir auch verstehen, welche Unterschiede dazu führen, dass Krankheiten ausbrechen. So lernen wir über die Entstehung von Krankheiten und können gezielt Medikamente entwickeln, um diese Krankheiten zu behandeln.

Aber nicht nur das: Wenn wir die genetischen Unterschiede zwischen uns Menschen besser verstehen, dann können wir vielleicht besser vorhersagen, bei welchem Mensch ein Medikament überhaupt wirken kann und welcher Mensch ein Medikament gut vertragen wird. So kann jedem das richtige Medikament gegeben und unnötige Behandlungen mit einem für einen Menschen gar nicht wirksamen Medikament vermieden werden. Oder es können sogar für jeden einzelnen Patienten eigens zugeschnittene Therapien entwickelt werden, zum Beispiel bei der Behandlung von Krebs. Dieses Prinzip einer auf den einzelnen Menschen zugeschnittenen Behandlung nennt man auch **personalisierte Medizin**.

DIE ANFÄNGE DER GENTECHNIK ODER WIE WIR DIE BAUPLÄNE VERÄNDERN

Du hast nun erfahren, wie die Gene und der genetische Code entdeckt wurden. Und wie die Forscher und Forscherinnen gelernt haben, diesen Code zu lesen. Nun schauen wir uns an, wie sie angefangen haben, den genetischen Code zu verändern.
Lass uns dafür noch einmal in der Zeit zurückgehen: bis ins Jahr 1970! Man hatte gerade den genetischen Code entschlüsselt und gelernt, wie der Bauplan geschrieben ist. Man konnte noch nicht alles verstehen, aber man kannte zumindest die Buchstaben und wusste, wie Wörter und Sätze gebildet werden.
Und es dauerte nicht lange, bis sich Forscher und Forscherinnen schon die nächste große Frage stellten, nämlich was eigentlich passieren würde, wenn man die Sätze auf der DNA neu zusammenfügte. Natürlich gab es ziemlich viele Bedenken und Diskussionen: Sie wussten, dass es ein riesiger und bedeutsamer Schritt war, die Baupläne zu verändern. Und dass man diesen Schritt nicht einfach wieder rückgängig machen konnte. Aber die Neugier war groß. Und irgendwann siegte sie.

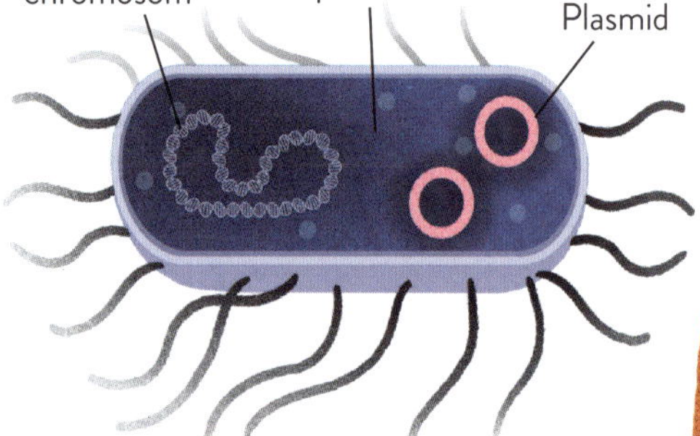

Darmbakterium Escherichia coli

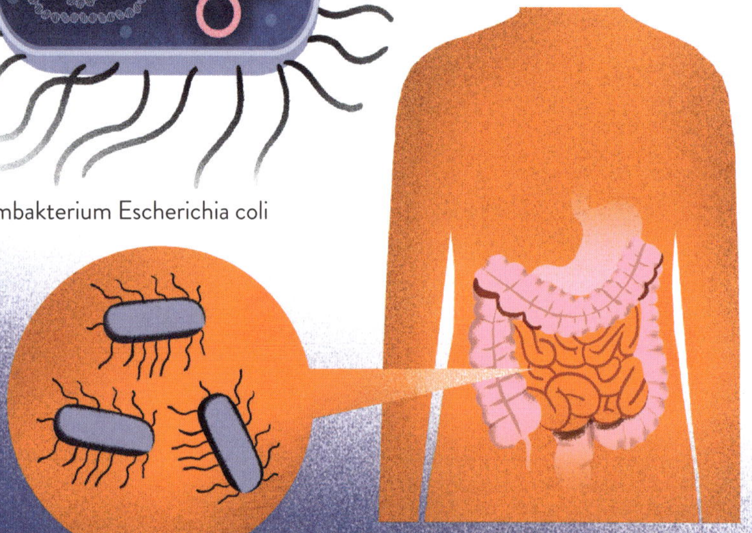

Die Werkzeuge, die die Forschenden brauchten, fanden sie bei den **Bakterien**. Bakterien? Winzige Lebewesen sind das. Sie bestehen meist nur aus einer einzigen Zelle. Sie sind also so klein, dass du sie nicht mit bloßem Auge sehen kannst. Nur unter dem Mikroskop. Sie sind überall – in der Luft, in der Erde, auf deiner Haut, sogar in dir drin. Manche können Krankheiten verursachen, aber viele sind harmlos und einige sogar sehr wichtig, wie zum Beispiel deine Darmbakterien, die deine Verdauung unterstützen.
Und an diesen Bakterien forschte man nun schon eine ganze Weile und hatte dabei auch so einige interessante Dinge entdeckt:

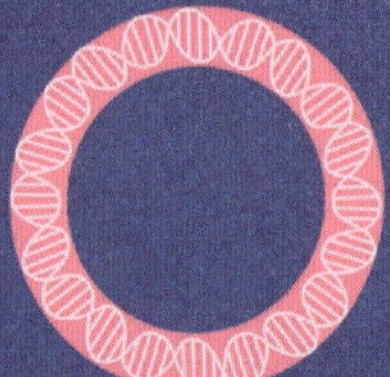

Plasmide: Sie sind kleine DNA-Ringe in den Bakterienzellen, die sich dort zusätzlich zu den normalen Chromosomen befinden. Sie sind kürzer und überschaubarer als die normalen Chromosomen und eignen sich daher perfekt, um Änderungen an der DNA vorzunehmen.

Schneide-Eiweiße: Sie funktionieren wie eine Schere und können die DNA an genau festgelegten Stellen durchtrennen.

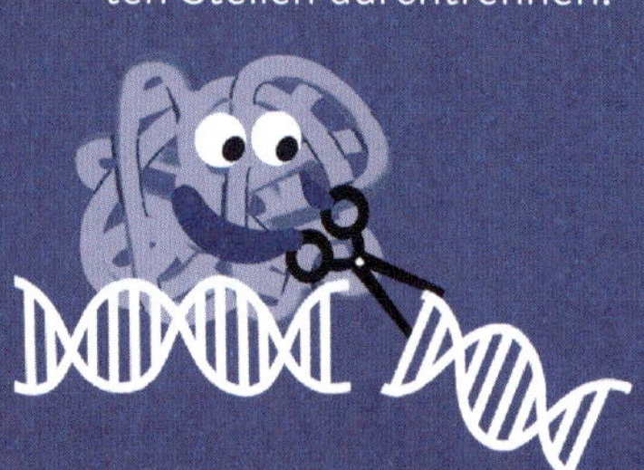

Klebeeiweiße: Sie fügen DNA-Teile wieder zusammen.

1970 begannen die allerersten Experimente, bei denen DNA neu verknüpft wurde und 1972 wurde zum ersten Mal die DNA aus zwei Bakterien miteinander kombiniert.

Und so funktionierte das:

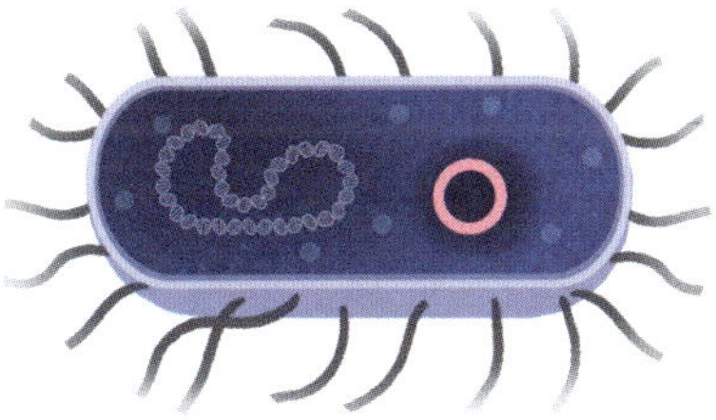

1

Zuerst wurden dafür die **Plasmide** aus den Bakterien herausgefischt.

2

Dann kam das **Schneideeiweiß** zum Einsatz, um beide Plasmide aufzuschneiden.

3

Ein DNA-Stück des einen Plasmids wurde in das andere Plasmid eingesetzt und die Schnittstellen mit dem **Klebeeiweiß** wieder zusammengeklebt. Das Ergebnis war **»rekombinante« (neu zusammengefügte) DNA**.

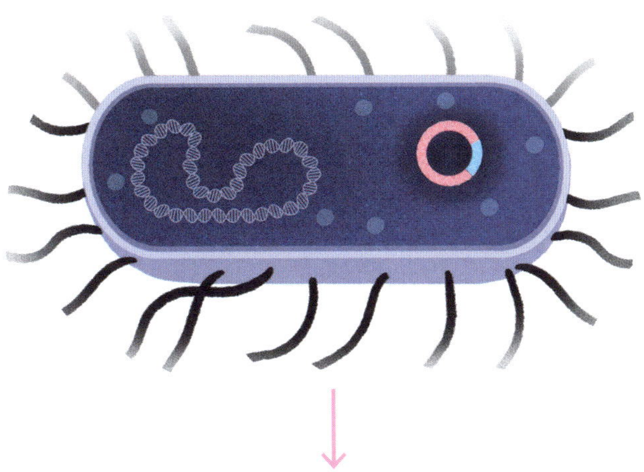

4

Diese rekombinante DNA wurde nun wieder in eine Bakterienzelle eingebracht. Und fertig! Ein fremdes Gen war eingeschmuggelt worden!

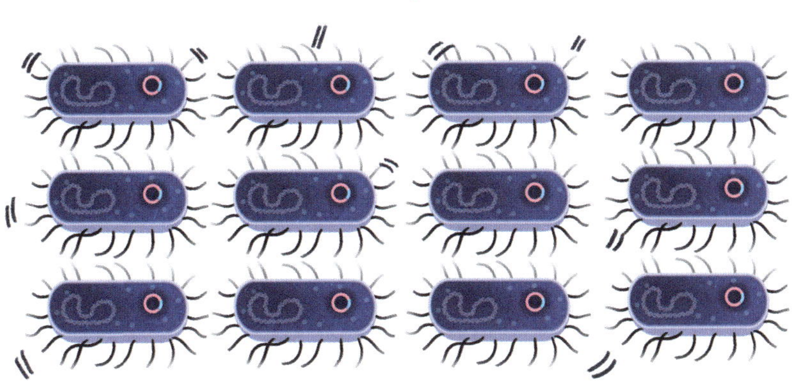

5

Und wenn sich nun die Bakterien vermehrten, vermehrten sich auch die Plasmide mit dem eingeschleusten fremden Gen.

Die Bakterien wurden also zu kleinen Fabriken, um das fremde Gen in großen Mengen herzustellen.

Das war der Anfang der Gentechnik!

REKOMBINANT HERGESTELLTE MEDIKAMENTE

Gene ließen sich nun beliebig neu kombinieren und verändern. Und da der Code der DNA bei allen Lebewesen gleich ist, konnten Gene auch zwischen verschiedenen Lebewesen ausgetauscht werden. Auch menschliche Gene ließen sich in Bakterien einschleusen und vermehren. Wenn diese Gene nun die Information für die Herstellung eines bestimmten Eiweißes enthielten, dann wurde mit der Vermehrung der Bakterien auch das Eiweiß produziert. Das Eiweiß konnte später aus den Bakterien gewonnen und zu Medikamenten weiterverarbeitet werden.

1982 wurde das erste auf diese Weise hergestellte Medikament zugelassen: das Eiweiß **Insulin**. Insulin ist wichtig, damit die Zellen Zucker aus der Nahrung aufnehmen und verwerten können. Menschen mit der Zuckerkrankheit Diabetes haben einen Mangel daran. Häufig muss Insulin dann von außen zugeführt werden. Bisher hatte man das Insulin mühsam aus Schweinen und Rindern gewinnen müssen. Nun aber wurde es einfach in Bakterien produziert. Dieses menschliche Insulin ist wirksamer, besser verträglich und kann mithilfe der Bakterien viel schneller und in größerer Menge hergestellt werden.

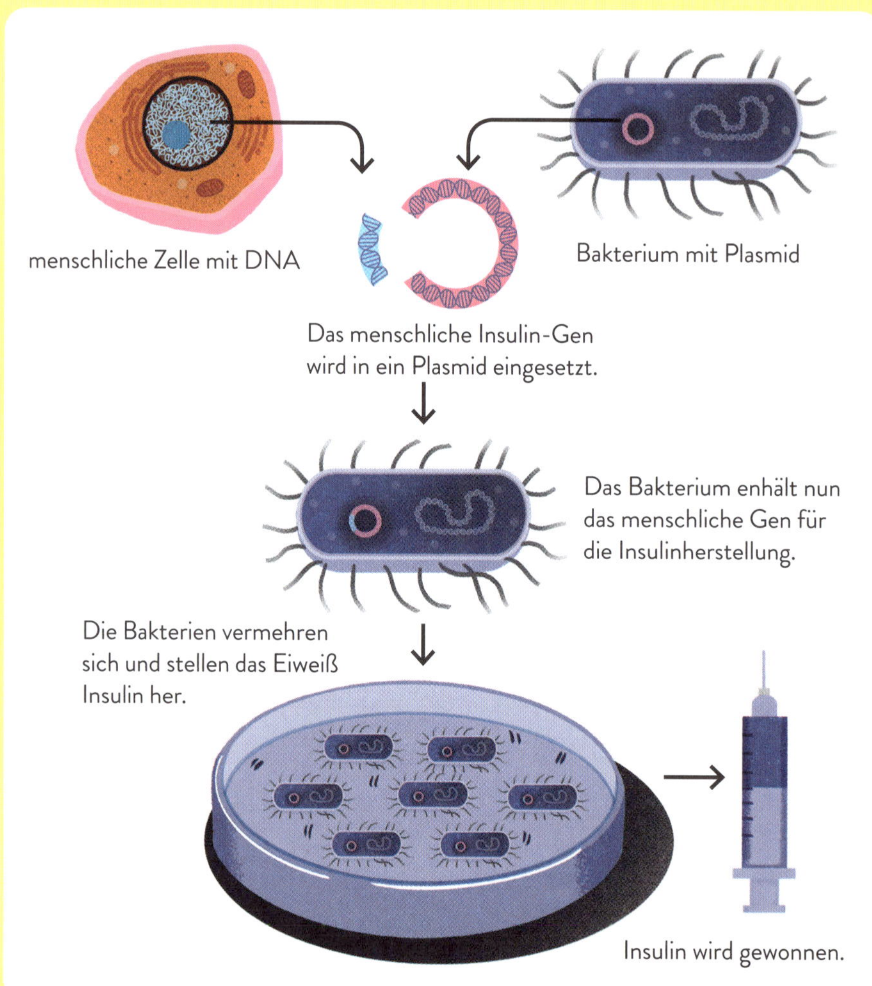

Mittlerweile schleust man menschliche Gene auch in Tiere wie Schafe, Ziegen, Kühe oder Hühner ein, um Medikamente herzustellen. Die produzierten Eiweiße finden sich dann direkt in der Milch (oder in den Eiern) dieser **transgenen Tiere**.

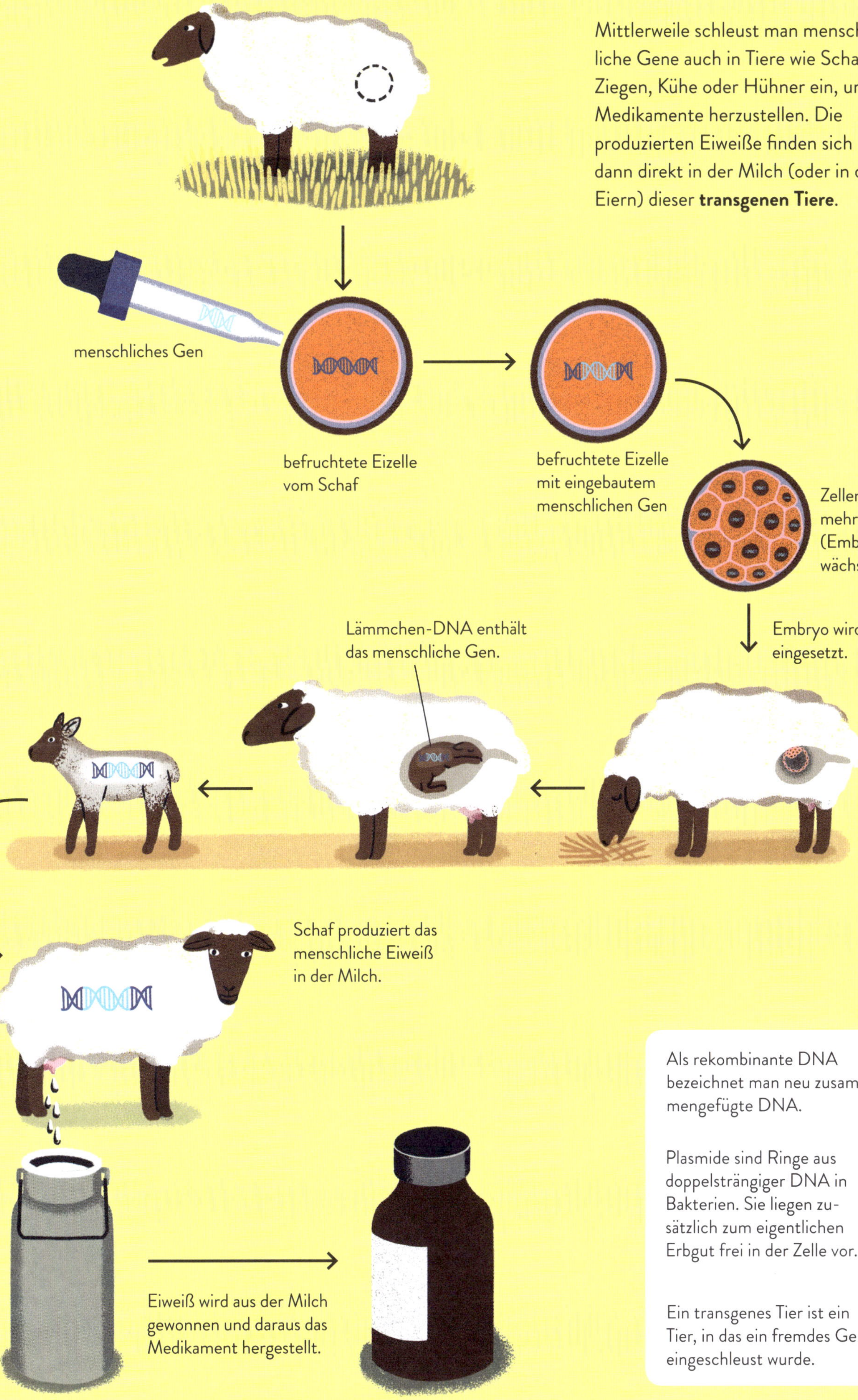

Als rekombinante DNA bezeichnet man neu zusammengefügte DNA.

Plasmide sind Ringe aus doppelsträngiger DNA in Bakterien. Sie liegen zusätzlich zum eigentlichen Erbgut frei in der Zelle vor.

Ein transgenes Tier ist ein Tier, in das ein fremdes Gen eingeschleust wurde.

DNA REPARIEREN

Je mehr die Forscherinnen und Forscher über Krankheiten beim Menschen und deren Ursachen lernten, umso mehr wuchs der Wunsch, hier auch einzugreifen. Häufig war bei einer Erbkrankheit genau bekannt, wo der Fehler in der DNA lag. Konnte man die DNA dann nicht einfach »reparieren«?
Und da kommen wir zur **Gentherapie**. Die Grundidee ist, die Funktion eines fehlerhaften Gens zu ersetzen, indem ein fehlerfreies Gen in die DNA eingebracht wird.

Zuerst muss das fehlerfreie Gen in die Zellen eingeschleust werden. Meist werden dafür Viren verwendet. Viren? Na, ein Virus kennst du ganz gewiss: das Coronavirus. Aber es gibt noch viele andere und sie lösen ganz verschiedene Krankheiten aus. Winzig klein sind sie, noch kleiner als Bakterien. Sie bestehen aus Erbinformation (RNA oder DNA) und einer Hülle, in der diese Erbinformation verpackt ist. Um sich zu vermehren, dringen die Viren in die Zellen des Körpers ein und lassen die Zelle für sich arbeiten. So werden von der Zelle bald Viruseiweiße und neue Viren produziert.
Für die Gentherapie nutzen die Forschenden die Viren als eine Art »**Gentaxi**«. Sie entfernen die krankmachenden Gene aus dem Virus und fügen stattdessen das Gen ein, das in die Zelle gelangen soll. Wenn die Viren dann in die Zellen eindringen, wird gleichzeitig auch das gewünschte Gen in die Zelle eingebracht. Häufig verwendete Virusarten für die Gentherapie sind dabei die Retroviren und die Adenoviren.

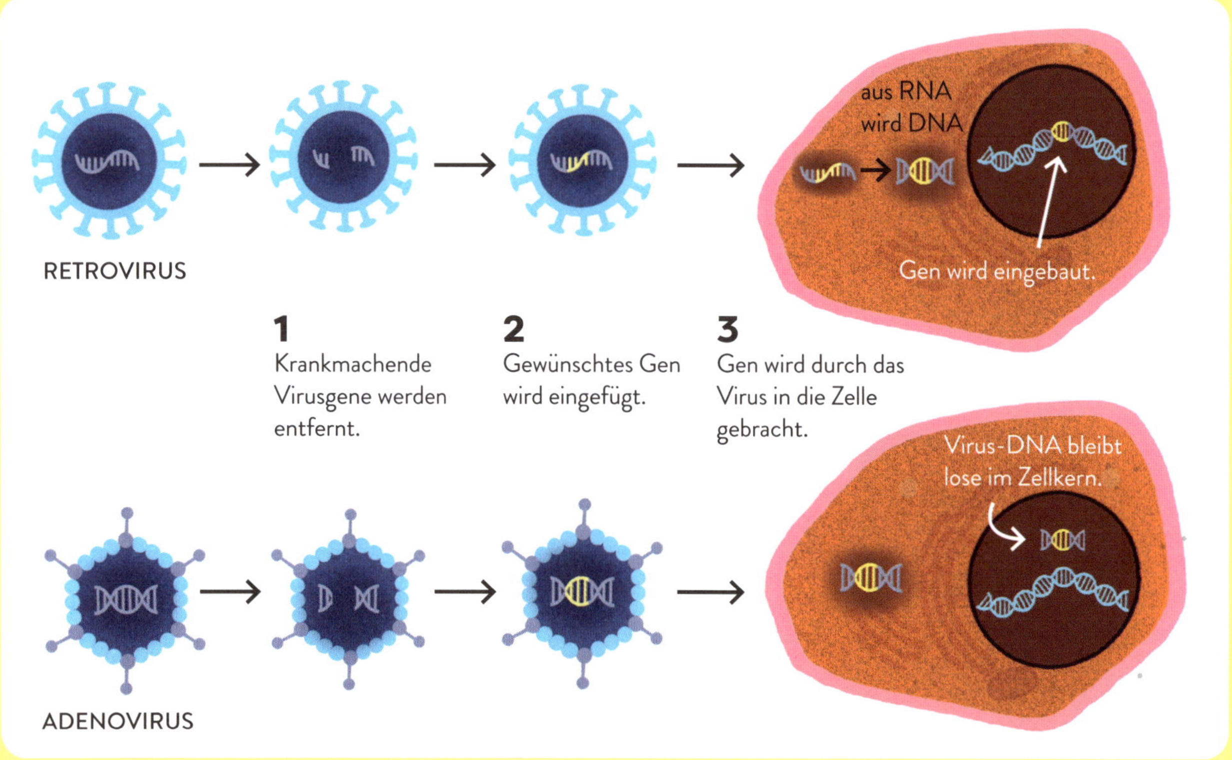

Die allererste Gentherapie wurde 1990 bei einem schwerkranken vierjährigen Mädchen durchgeführt. Es hatte eine sehr seltene Erbkrankheit, bei der durch einen Defekt im sogenannten ADA-Gen das Immunsystem so stark geschwächt ist, dass jeder kleinste Infekt, wie zum Beispiel ein Schnupfen, lebensbedrohlich sein kann. Für die Gentherapie wurde ihr etwas Blut abgenommen und mithilfe eines Virus in die weißen Blutkörperchen das fehlerfreie ADA-Gen eingeschleust. Diese veränderten Blutkörperchen wurden dann wieder zurück in den Körper gespritzt.

Die Behandlung verlief erfolgreich. Seitdem gab es viele weitere Studien. Es wurden dabei auch schon einige große Erfolge erzielt und erste Gentherapien sind mittlerweile zugelassen. Aber es gab und gibt auch immer wieder Rückschläge. Warum?

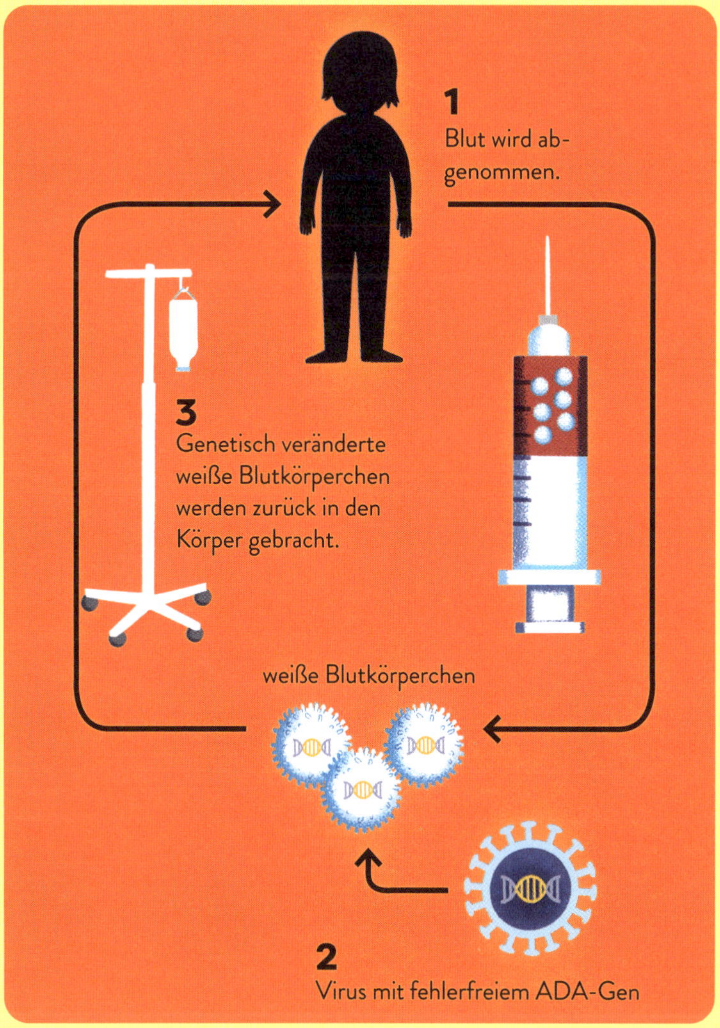

Ein Grundproblem liegt bei den »Gentaxis« – den Viren. Bei den Retroviren, die sich direkt in die DNA der Körperzellen einfügen, geht das eingeschleuste Gen nicht mehr verloren und die Wirkung der Behandlung bleibt langfristig erhalten. Aber das birgt auch Gefahren. Denn es ist nicht möglich zu kontrollieren, an welcher Stelle das Gen in der DNA eingefügt wird. Das passiert zufällig. Und was kann dann passieren? Das Gen kann an einer Stelle landen, wo es keine Wirkung hat. Oder das Gen wird irgendwo mitten in ein wichtiges Gen einfügt und zerstört dieses dabei. Oder es aktiviert plötzlich ein Gen, das zur Bildung von Krebs führt. Bei den Adenoviren, die sich nicht in die DNA der Körperzellen einfügen, ist der Nachteil hingegen, dass sie mit der Zeit verloren gehen und somit nicht lange wirksam sind. Und manchmal werden die Viren vom Immunsystem auch als Bedrohung angesehen. Dann werden sie bekämpft und zerstört. Die Gentherapie kann dann nicht wirken. Und wenn der Kampf sehr heftig ist, kann der Mensch dabei auch sehr krank werden.

Bei der Gentherapie wird ein gesundes Gen in die Zellen eingeschleust, damit dieses die Funktion des defekten Gens übernehmen kann.

CRISPR

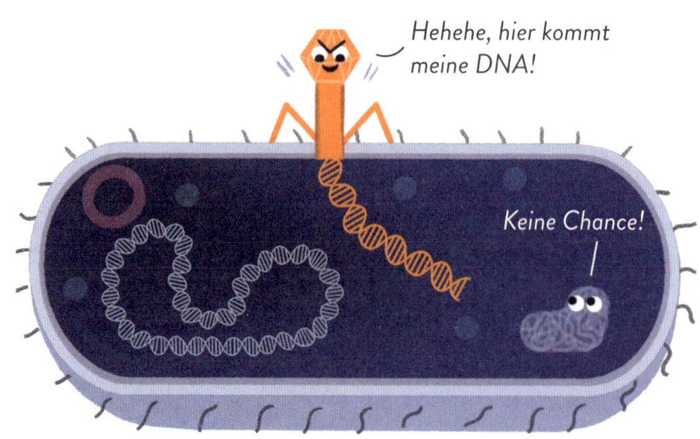

Und dann kam die Entdeckung von **CRISPR/Cas9**. Kurz auch »CRISPR«! Dieses neue Verfahren hat die Gentechnik revolutioniert. Aber was ist CRISPR genau? Forschende entdeckten die sogenannte Genschere zuerst bei den Bakterien als eine Art Waffe, um sich vor feindlichen Viren zu schützen. Sie besteht aus zwei Teilen: Mit einer Art **»Sucher«** werden ganz gezielt spezielle Buchstabenabfolgen von feindlichen Viren gesucht. Findet der »Sucher« die Buchstabenfolge, setzt er sich an diese Stelle, um sie zu markieren. So kann nun mit dem zweiten Teil der Waffe, einem **Schneidewerkzeug,** das fremde Erbgut gezielt und präzise herausgeschnitten werden.

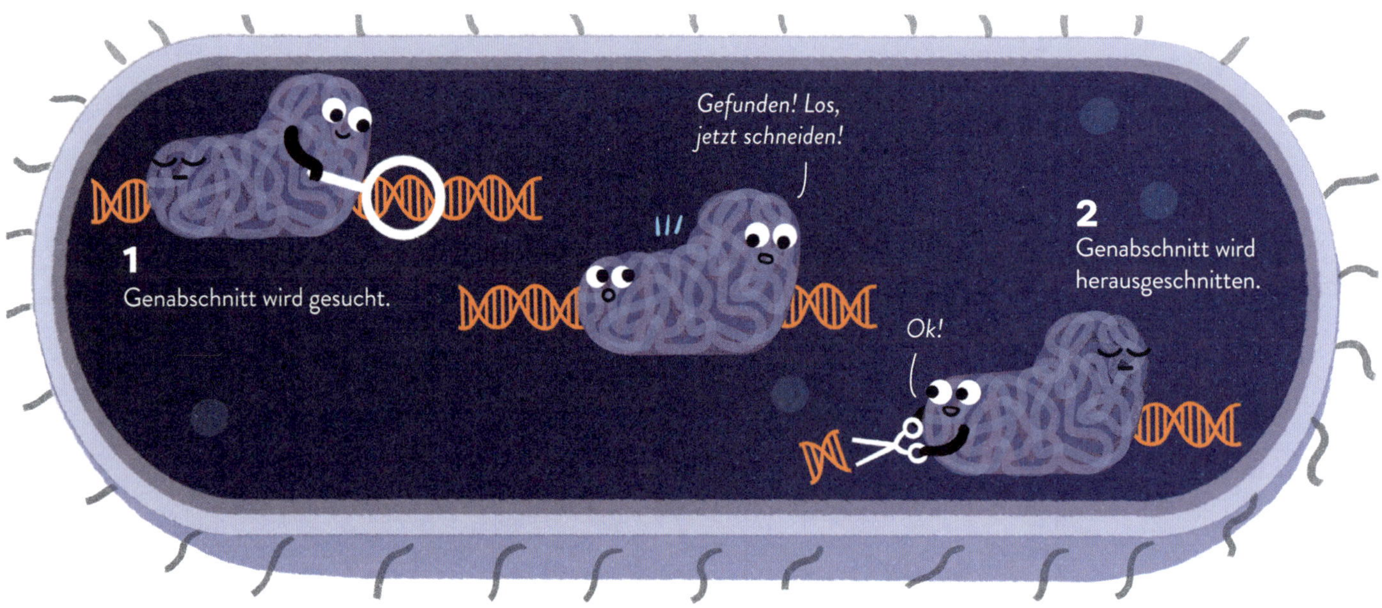

Die Forscherinnen **Emmanuelle Charpentier** und **Jennifer Doudna** begeisterten sich für diese außergewöhnliche Waffe der Bakterien. Sie hatten die bahnbrechende Idee, dass man sie für eigene Zwecke nutzen könnte: als Werkzeug, um DNA gezielt zu verändern!
Denn der »Sucher« konnte für jede beliebige Buchstabenabfolge programmiert und das Schneidewerkzeug damit an jede gewünschte Stelle gelenkt werden, um die DNA gezielt zu schneiden. Auch die Reparatur ließ sich beeinflussen: Einzelne Buchstaben konnten ausgetauscht, Teile des Gens entfernt oder ganz neue Buchstaben eingefügt werden. Die DNA lässt sich dadurch beliebig verändern. Und auch wenn CRISPR nicht ohne Fehler ist und Schnitte gelegentlich an der falschen Stelle erfolgen, ist diese Technologie doch einfacher und genauer als jede bisherige Methode der Genveränderung.

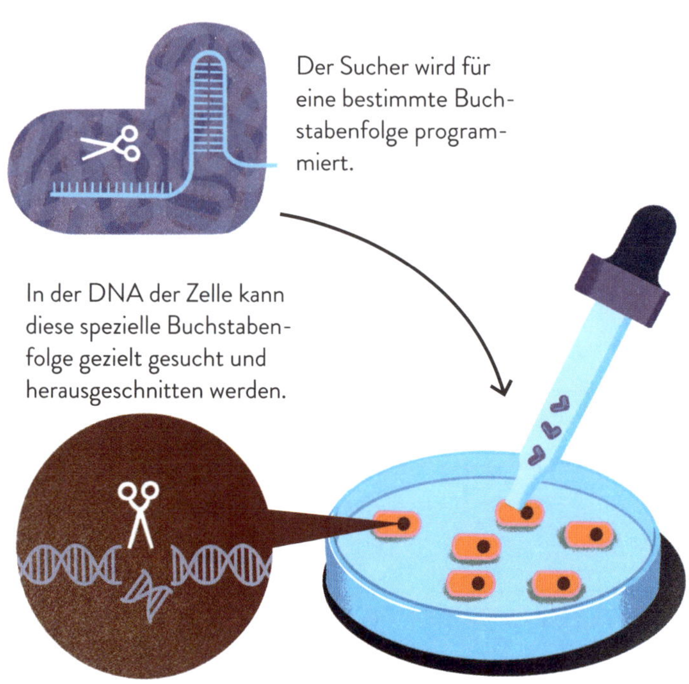

Erste Erfolge mit CRISPR in der Medizin konnten bereits gefeiert werden. Ende 2020 wurde über die erste CRISPR-Gentherapie bei der Sichelzellkrankheit berichtet. Dies ist eine Erkrankung, bei der der Farbstoff in den roten Blutkörperchen nicht richtig gebildet wird. Viele weitere Projekte sind bereits in Entwicklung. Denn die Hoffnungen in diese neue Technologie sind groß!

Doch wie das manchmal mit den ganz besonders großen Erfindungen in der Geschichte ist, liegen auch hier Hoffnung und Sorge sehr nah beieinander.
2018 kam die Meldung aus China über die Geburt von Zwillingen, bei denen mithilfe der CRISPR-Technologie ein Gen gezielt ausgeschaltet wurde. Bisher ging es bei der Gentherapie darum, Körperzellen zu verändern. Diese Veränderungen sind beschränkt auf die Person, die mit der Gentherapie behandelt wird. Wenn sie aber in die Keimzellen eingebracht werden, bedeutet das, dass diese Veränderungen auch an die Nachkommen weitergegeben werden.
Der Mensch fing also an, seinen eigenen Bauplan gezielt zu verändern. Die Welt war erschrocken! Viele Forscher und Forscherinnen forderten einen sofortigen und weltweiten Stopp von Versuchen an menschlichen Keimzellen und Embryonen. Erst musste geklärt werden, wie mit den neuen Technologien umgegangen und wo die Grenzen gesetzt werden sollen. Natürlich sind die Potenziale für die Medizin riesig. Fehlerhafte Gene könnten von vornherein repariert und viele unheilbare Erbkrankheiten verhindert werden. Doch selbst wenn die Technologie eines Tages so weit wäre: Sollte der Mensch die Evolution in die eigenen Hände nehmen? Was wären die Folgen?

CRISPR/Cas9 (kurz: CRISPR) wird verwendet, um DNA gezielt zu verändern. Die Technologie wird auch als Genschere bezeichnet.

Bei der CRISPR-Gentherapie kann ein Defekt in der DNA von der Genschere gezielt ausgeschnitten und repariert werden.

Eine Gentherapie in den Körperzellen hat nur Auswirkungen auf den behandelten Menschen. Eine Gentherapie, die die Keimzellen verändert, hat auch Auswirkungen auf die Nachkommen dieses Menschen.

DIE »GRÜNE« GENTECHNIK

Bisher züchtete der Mensch Pflanzen nach dem Prinzip der Auslese: Durch Mutationen entstanden zufällige Merkmalsveränderungen. Der Mensch wählte diejenigen Pflanzen aus, die die besten Eigenschaften zeigten und vermehrte diese. Und so ging es weiter – über viele Generationen von Pflanzen. Ein extrem langsamer Prozess! Mit der Gentechnik, und nun auch besonders mit der **CRISPR-Genschere,** wollen die Forschenden nicht mehr auf den Zufall einer genetischen Veränderung warten müssen. Sie verändern die DNA der Pflanzen ganz gezielt. So sollen Pflanzen beispielsweise gegen Krankheiten oder gegen bestimmte Insekten resistent gemacht werden. Außerdem will man die Pflanzen besser an spezielle Umweltbedingungen anpassen. Man hofft, dass Ernten stabiler und die Erträge erhöht werden und dass man damit die Nahrungssituation insbesondere in den armen Ländern der Welt verbessern kann. Außerdem möchte man dadurch den Einsatz von Insektenschutzmitteln und anderen Giftstoffen verringern.

Auch das Problem des Vitamin-A-Mangels in vielen armen Regionen der Erde möchte man auf diese Weise bekämpfen. Denn jedes Jahr erblinden daran Hunderttausende Kinder. Hier werden Sorten geschaffen, die erhöhte Mengen an Vitamin A enthalten. Ein Beispiel ist der **»Goldene Reis«**.

Und obwohl das alles großartige Ziele sind, wird die »grüne Gentechnik« von vielen Menschen sehr kritisch gesehen. Warum? Die Sorgen sind einerseits, dass die gentechnisch veränderten Pflanzen das herrschende Gleichgewicht zwischen Tieren und Pflanzen verändern könnten, wenn nämlich künstlich neu eingeschleuste Gene auf die natürlichen Wildpflanzen übergehen. Die **Risiken** für die Umwelt sind dabei schwer vorhersehbar. Zudem bestehen Bedenken, dass auch die Auswirkungen auf unsere Gesundheit beim Verzehr der Lebensmittel nicht ausreichend bekannt sind. Ein weiterer Kritikpunkt ist, dass die Bauern gerade in den armen Ländern mit dem neuen Saatgut in finanzielle Abhängigkeiten geraten, denn für das erneute Aussähen (das erneute Nutzen des Saatgutes) müssen sie jedes Jahr wieder neu bezahlen. Und ob die gentechnischen Veränderungen wirklich zum Einsatz von weniger Insektenschutzmitteln führen? Auch darüber wird gestritten.

Als »Grüne Gentechnik« bezeichnet man die Verwendung gentechnischer Verfahren für die Landwirtschaft.

IM KAMPF FÜR DIE UMWELT

Nun haben wir gerade von den möglichen Risiken für die Umwelt gehört. Jetzt also Gentechnik im Kampf für die Umwelt? Kann das passen? Möglicherweise schon!

Bestimmt kennst du das sogenannte **Methangas**. Es gehört zu den Treibhausgasen und trägt stark zur Erderwärmung bei. Vielleicht hast du gehört, dass ein beträchtlicher Anteil dieses Gases von Kühen produziert wird. Genau genommen wird das Gas aber nicht von den Kühen selbst hergestellt, sondern von den Bakterien, die im Magen der Kühe leben. Und wenn Kühe pupsen und rülpsen, dann entweicht das Gas eben nach draußen in die Luft. Um die Menge an Methangas zu verringern, muss also die Anzahl an Kühen reduziert werden. Und die Menschen müssen weniger Fleisch konsumieren. Zusätzlich wird auch daran gearbeitet, die Bakterien im Magen der Kühe und auch das Erbgut der Kühe selbst so zu verändern, dass die Bakterien kein Methangas oder nur noch sehr geringe Mengen an Methangas produzieren. Dann stößt auch jede einzelne Kuh weniger davon aus.

Kohlenstoffdioxid ist ein weiteres Treibhausgas. 2019 berichtete ein Team rund um den Forscher **Ron Milo** am Weizmann Institut in Israel von einem Bakterium, das sich statt von Zucker vom umgebenden Kohlenstoffdioxid ernährt und daraus dann Zucker bildet. Im nächsten Schritt sollen aus dem Kohlenstoffdioxid Treibstoffe hergestellt werden.

Man forscht zum Beispiel an Plastik fressenden Bakterien.

Und es gibt noch andere Projekte: Bakterien, die so genetisch verändert werden, dass sie **Plastik fressen** oder **Bioplastik** herstellen oder so umgebaut werden, dass sie **Gifte** in der Erde oder im Wasser aufspüren und diese direkt abbauen können. Und, und, und.

Werden die neuen Techniken Lösungen für die Probleme bieten, die erst durch die Technisierung unserer Welt entstanden sind? Oder bringen sie wieder neue Probleme, die immer unlösbarer werden? Die Zukunft wird es zeigen.

GENE DRIVE

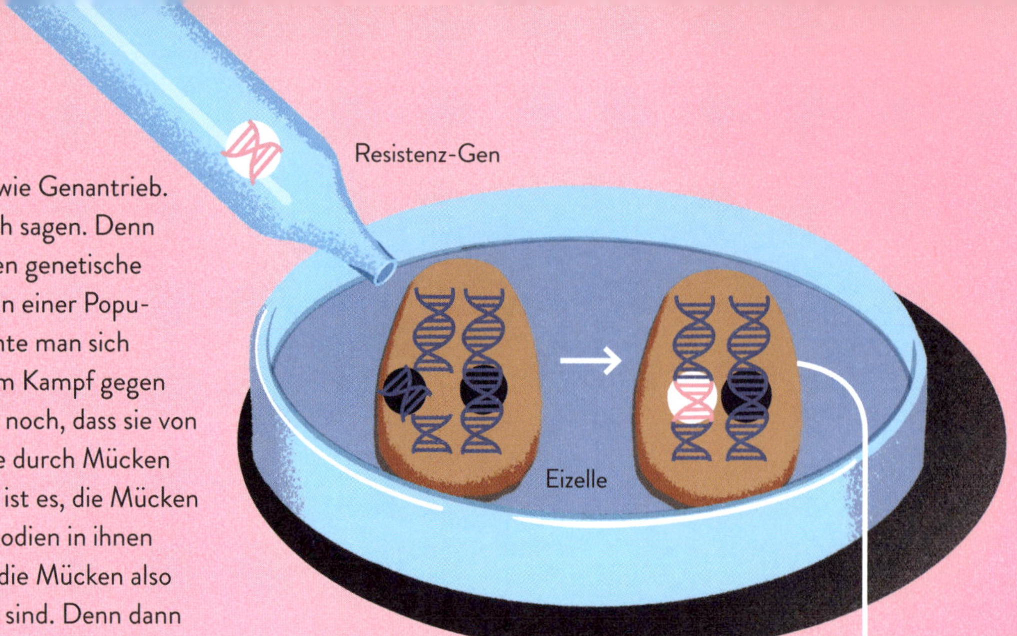

Gene Drive – das heißt so viel wie Genantrieb. Turbo-Antrieb könnte man auch sagen. Denn mithilfe des Gene Drives werden genetische Veränderungen rasend schnell in einer Population verbreitet. Und das möchte man sich zunutze machen zum Beispiel im Kampf gegen die Malaria. Du weißt vielleicht noch, dass sie von Plasmodien verursacht wird, die durch Mücken übertragen werden. Ein Ansatz ist es, die Mücken so zu verändern, dass die Plasmodien in ihnen nicht mehr überleben können, die Mücken also resistent gegen die Plasmodien sind. Denn dann könnten sie die Krankheit nicht mehr übertragen. Doch wie kann eine ganze Mücken-Population resistent gemacht werden? Lass uns mal überlegen, wie sich ein **Resistenz-Gen** bei den Mücken verbreitet.

Wenn sich die resistente Mücke mit einer der »normalen« Mücken (ohne Resistenz-Gen) paart, dann erhält die Hälfte der Nachkommen eine Kopie des Resistenz-Gens, die andere Hälfte nicht:
Das Verhältnis ist 1 zu 1.

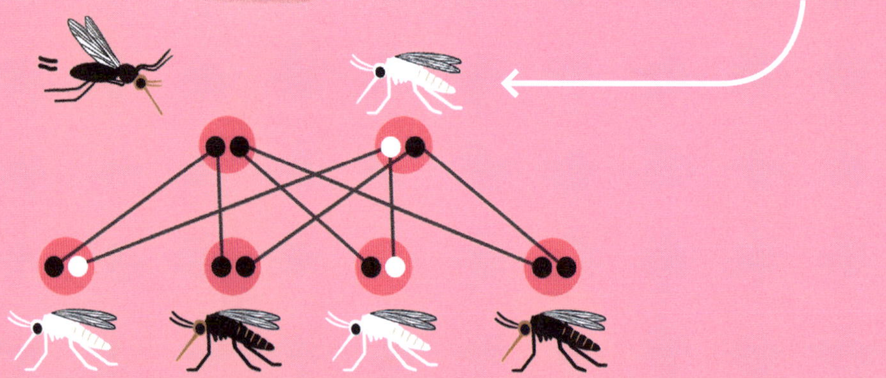

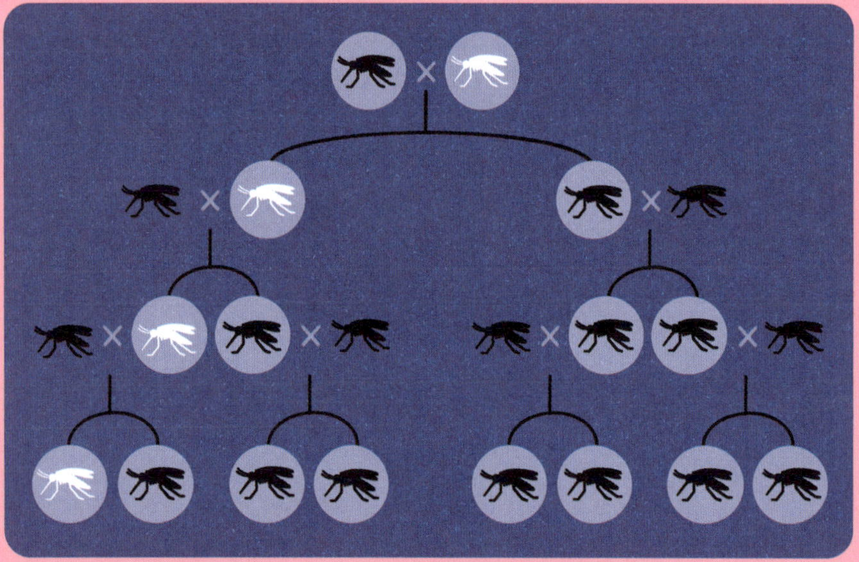

Die Mücken, die das Resistenz-Gen erhalten haben, geben dieses Gen wieder an die Hälfte ihrer Nachkommen weiter. Nun schau dir mal an, wie das über die Generationen weitergeht: Das Resistenz-Gen wird immer seltener und verschwindet mehr und mehr.
So einfach lässt sich das Gen also nicht verbreiten!

Wie kann hier der **Gene Drive** helfen? Der Clou bei dieser Technik ist, dass zusätzlich zum Resistenz-Gen die Genschere CRISPR eingefügt wird.
Und sie ist so programmiert, dass sie die »normale« Kopie des Gens sucht und herausschneidet. Die Zelle fügt stattdessen das Resistenz-Gen ein. Und, schwups, hat die Zelle zwei Kopien dieses veränderten Gens.
Und weil die Mücke, die aus dieser Zelle entsteht, nun also zwei Kopien des Resistenz-Gens hat, gibt sie die Resistenz auch an alle ihre Nachkommen weiter. Nicht nur an die Hälfte, wie es entsprechend der normalen Vererbungsregeln wäre.
Und nicht nur das: Auch die Genschere wird wieder aktiv. Sie erkennt die Kopie des »normalen« Gens, schneidet sie heraus und fügt stattdessen das Resistenz-Gen ein. Somit haben nun auch alle Nachkommen zwei Kopien des Resistenz-Gens. Und geben die Resistenz damit auch wieder an alle ihre Nachkommen weiter. Und so weiter.
Und so dauert es gar nicht lange, bis es nur noch Mücken mit der Resistenz gegen die Plasmodien gibt.

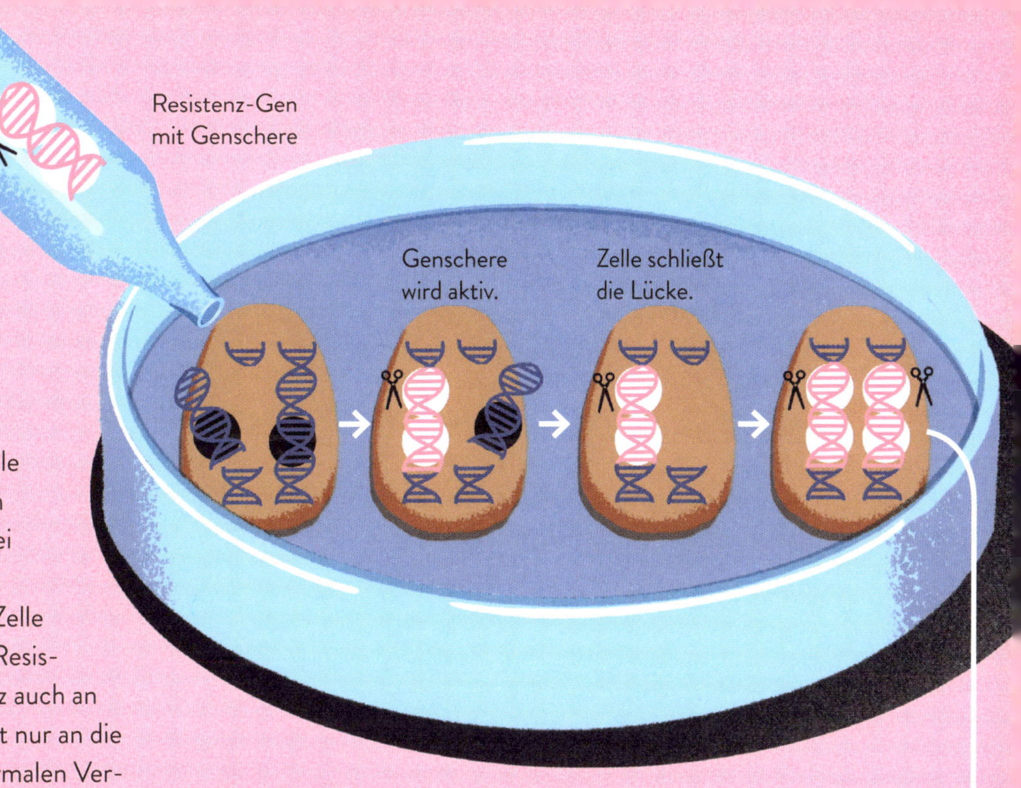

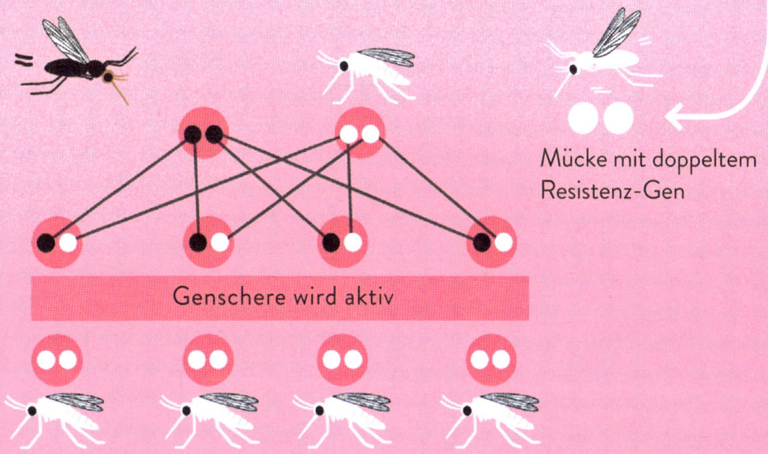

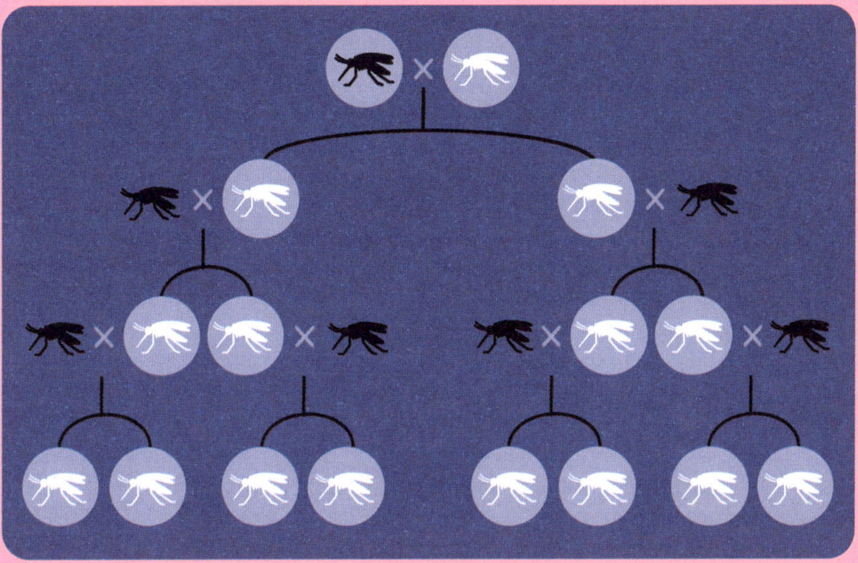

Ziemlich genial – aber auch ziemlich gefährlich. Denn eine ganze Population wird verändert. Einmal in die Welt gebracht, ist der Gene Drive kaum noch zu stoppen. Und was, wenn es unerwartete Nebeneffekte gibt? Was wären dann die Folgen? Überleg mal!

SCHAF DOLLY UND ANDERE KLONE

Am 22. Februar 1997 ging das Bild von Schaf Dolly aus Schottland um die Welt. Denn Dolly war kein Schaf wie alle anderen. Dolly war das erste Schaf, das aus einer Körperzelle geklont worden war.

Aus einer Körperzelle geklont? Nun, normalerweise braucht es ja eine männliche Keimzelle vom Vaterschaf und eine weibliche Keimzelle vom Mutterschaf, damit ein Lämmchen geboren werden kann. Bei Schaf Dolly war das jedoch etwas anders. Da wurde nämlich der Zellkern aus einer Eizelle entfernt und durch den Kern einer Zelle aus dem Euter eines anderen Schafes ersetzt. Die DNA war nun also die DNA von der Euterzelle. Und Dolly hatte damit die gleiche genetische Information in ihren Zellen wie auch das Schaf, von dem die Euterzelle ursprünglich stammte. Sie war genetisch identisch zu diesem Schaf. Und solch eine genetische Kopie nennt man auch Klon.

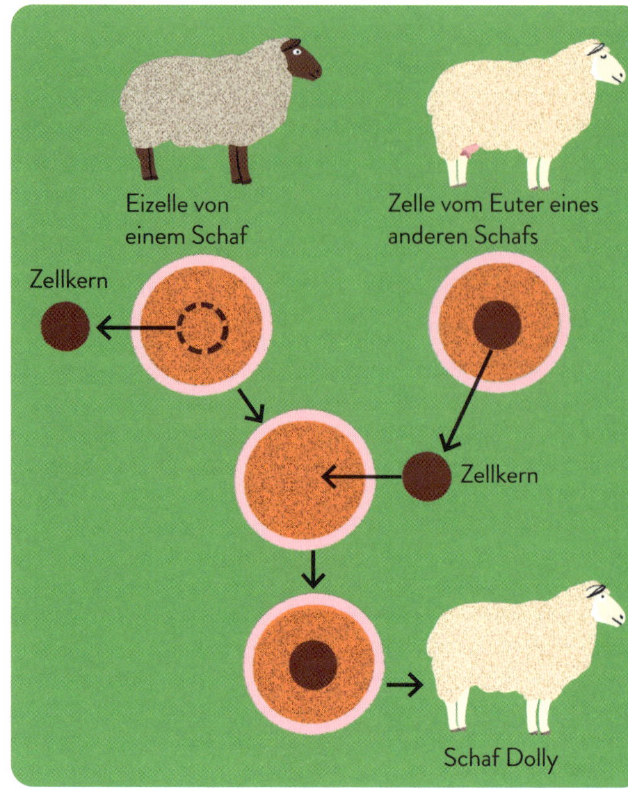

natürliche Klone

Das **Klonen** an sich ist ja in der Natur erst einmal nichts ganz Ungewöhnliches: Einzellige Bakterien und Hefepilze vermehren sich, indem sie sich in zwei identische Zellen teilen. Viele Pflanzen, wie zum Beispiel die Erdbeere oder die Kartoffel, vermehren sich durch Ableger und klonen sich dabei selbst. Auch eineiige Zwillinge sind nichts anderes als natürliche Klone.

Das Veredeln von Obstbäumen: auch das ist letztendlich Klonen. Wenn der Obstbauer einen Baum mit besonders leckeren Früchten hat, dann nimmt er einen Trieb von diesem Baum und setzt ihn auf den Stamm eines anderen Baumes. Wenn nun aus dem Trieb ein neuer Baum herauswächst, dann hat dieser wieder die Eigenschaften des ursprünglichen Baumes, von dem der Trieb abstammte. Und die Früchte schmecken genauso lecker. Denn der Gärtner züchtet dabei eine genetische Kopie von seinem Lieblingsbaum. Einen Klon!

Selbst das Klonen von Tieren war nicht ganz neu. Denn schon 1962, also mehr als 30 Jahre vor Schaf Dolly, hatte der britische Forscher **John Gurdon** in einem Experiment Frösche aus beliebigen Körperzellen geklont.
Aber mit Schaf Dolly war nun das erste geklonte Säugetier auf die Welt gekommen. Es folgten geklonte Kühe, Ziegen, Pferde, Hunde und noch andere Tiere. Und 2018 gab es schließlich die Meldung aus China über das Klonen von Javaneraffen.
Schon nach Schaf Dolly, aber umso mehr nach den Versuchen an den Javaneraffen, entbrannte eine starke Diskussion ums Klonen. Erst einmal war der Vorgang des Klonierens an sich sehr problematisch. Bei Schaf Dolly hatte es fast 300 Versuche gebraucht, bis schließlich Dolly auf die Welt kam. Viele Lämmchen waren schon vor ihrer Geburt gestorben. Und dann war Dolly krank und wurde nicht sehr alt. Aber darüber hinaus beunruhigte die Menschen noch etwas anderes: Sie befürchteten, dass diese Versuche immer mehr auch Schritte in Richtung des Klonens von Menschen waren. Und das, da waren sich die meisten Menschen einig, sollte verboten sein.

Denn stell dir mal vor: Es gäbe von dir noch eine Kopie oder gleich eine ganze Armee an Klonen, die identisch zu dir wären. Oder wenn es überhaupt nur noch die gleichen Menschen gäbe, die genauso aussähen wie du, in millionen- oder milliardenfacher Ausfertigung, sozusagen als »Einheitssorte«. Wie fändest du das? Ganz schön gruselig diese Vorstellung, oder?

Ein Klon ist eine genetische Kopie eines Lebewesens.

VON KLEINEN ALLESKÖNNERN

Zu Beginn des Lebens gibt es die **embryonalen Stammzellen**. Sie können sich in alle möglichen Zellen entwickeln. Doch diese Fähigkeit verlieren sie schon nach wenigen Tagen. Sie spezialisieren sich dann in Hautzellen, Nervenzellen, Blutzellen und noch viele andere Zellen. Diese spezialisierten Zellen sind auf einen Zelltyp festgelegt. Aus Hautzellen können zum Beispiel keine Nervenzellen oder Blutzellen mehr werden. Schade, dass es die embryonalen Stammzellen im späteren Leben nicht mehr gibt. Denn wenn im Körper Zellen kaputtgehen oder nicht mehr richtig funktionieren, könnten aus diesen alleskönnenden Stammzellen gesunde Zellen nachgebildet werden. Das wäre eine große Sache!

Im menschlichen Körper gibt es verschiedene Zelltypen. Zum Beispiel:

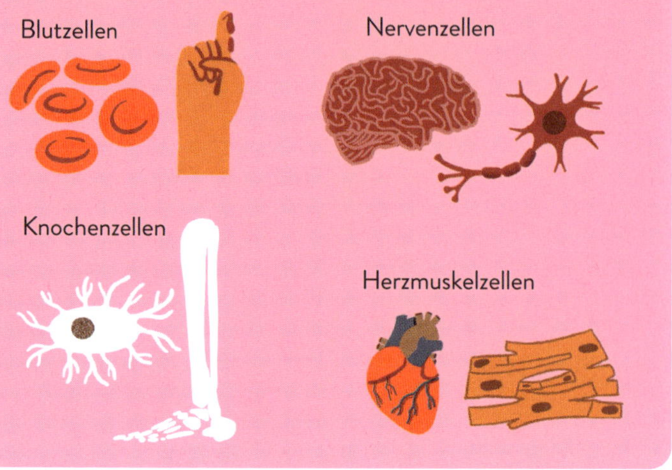

2006 gelang dem Forscher **Shinya Yamanaka** ein außergewöhnliches Experiment. Er schaffte es, Zellen aus der Haut in **»induzierte pluripotente Stammzellen«** (oder kurz: **»ipS-Zellen«**) zu verwandeln. Was für ein schwieriger Name! Aber es lohnt sich, den Namen dieser Zellen zu kennen. Denn man wird in Zukunft noch einiges von ihnen hören. Diese ipS-Zellen haben ähnliche Fähigkeiten wie die embryonalen Stammzellen am Anfang des Lebens und lassen sich in alle möglichen Zelltypen verwandeln. Der große Unterschied aber: Sie lassen sich jederzeit aus einer fertig entwickelten Körperzelle herstellen. Forschende möchten diese ipS-Zellen verwenden, um zum Beispiel zerstörte Herzzellen nach einem Herzinfarkt zu ersetzen oder um bei einem Menschen, der querschnittsgelähmt ist, gesunde Nervenzellen nachzuliefern. Die Hoffnung auf eine Behandlung von vielen bisher unheilbaren Krankheiten ist groß.

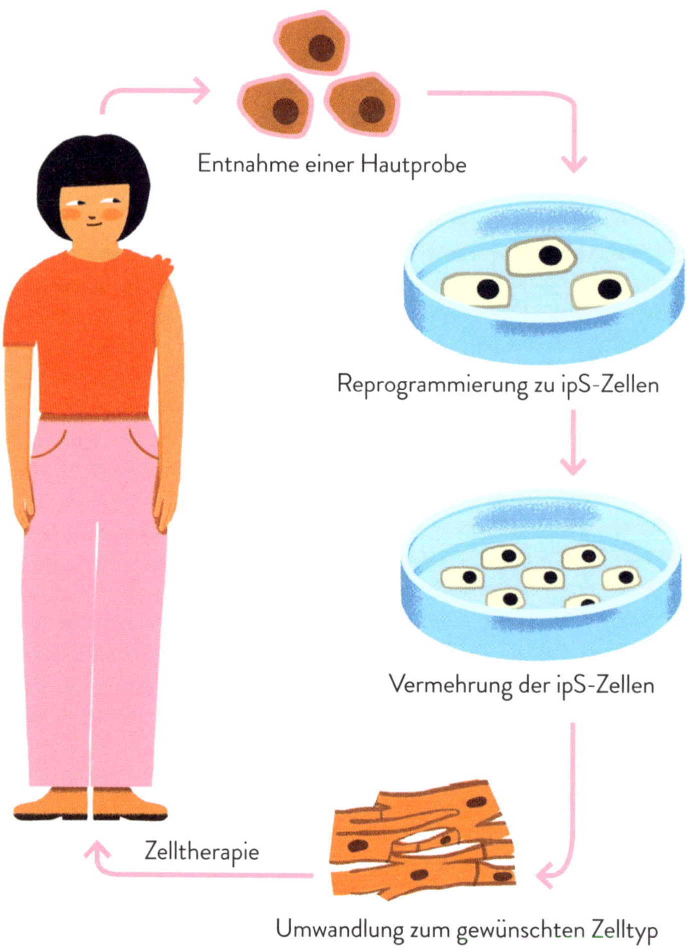

Embryonale Stammzellen können sich in alle Zelltypen weiterentwickeln. Sie sind aber nur während der ersten Lebenstage zu finden.

ipS-Zellen stammen von Körperzellen ab, die in einen frühen embryonalen Zustand zurückversetzt wurden. Sie lassen sich in viele verschiedene Zelltypen weiterentwickeln.

Forschende hoffen, dass die ipS-Zellen eines Tages kranke Zellen im Körper ersetzen und somit als Behandlung für viele bisher unheilbare Krankheiten eingesetzt werden können.

VON DINOS UND ANDEREN URZEITRIESEN

In jeder Zelle des Körpers ist die gesamte Information über ein Lebewesen enthalten. Und aus einer einzigen Zelle kann ein vollständiges Lebewesen herauswachsen. Ein Frosch, ein Schaf, ein Hund, eine Katze ... Könnte man dann nicht aus der DNA eines längst verstorbenen Tieres dieses Tier wieder zum Leben erwecken und in die heutige Zeit zurückholen? »Jurassic Park« – könnte das also doch noch Wirklichkeit werden?

Ganz abwegig ist die Idee nicht! So gibt es zum Beispiel den Forscher **George Church,** der an der Harvard Universität in Boston daran arbeitet, zumindest Mammuts wieder zum Leben zu erwecken. Mammuts sind vor einigen Tausend Jahren ausgestorben. Aber im Eis sind sehr gut erhaltene Exemplare gefunden worden. Selbst Haare von den Mammuts – und die darin enthaltene Mammut-DNA. Diese war zwar durch die lange Zeit schon sehr stark zerstückelt, aber mittlerweile ist es gelungen, den genetischen Bauplan des Mammuts nahezu vollständig zu entschlüsseln. Church plant, Gene des Mammuts in die Elefanten-DNA einzuschleusen. Übrigens auch wieder unter Einsatz von der Genschere CRISPR. Mammuts oder irgendwelche mammutähnlichen Elefanten könnten also durchaus irgendwann wieder über unseren Planeten stapfen.

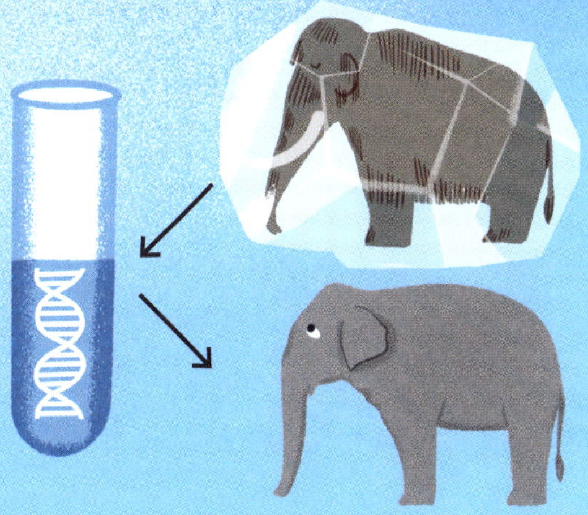

Und Dinosaurier? Na ja, das Problem mit den Dinosauriern ist, dass sie nun schon seit mehreren Millionen Jahren ausgestorben sind. Bisher gehen Forschende nicht davon aus, dass die DNA einen so langen Zeitraum überdauern kann, zumindest nicht in einem ausreichend gutem Zustand, um sie weiter zu verwenden. So wird »Jurassic Park« wohl doch eher Science-Fiction bleiben!

VERBRECHER AUFGEPASST!

Selbst bei Kriminalfällen spielt die Genetik mittlerweile eine große Rolle. Die allerkleinsten Spuren von Haut, Haaren oder Blut an einem Tatort können eine Person überführen. Denn in diesen Spuren finden sich Zellen mit DNA. Und die DNA jedes Menschen ist einzigartig – und kann somit einen Menschen identifizieren. 1987 wurde der erste Kriminalfall mithilfe des sogenannten genetischen Fingerabdrucks gelöst. Aber was ist dieser genetische Fingerabdruck eigentlich?

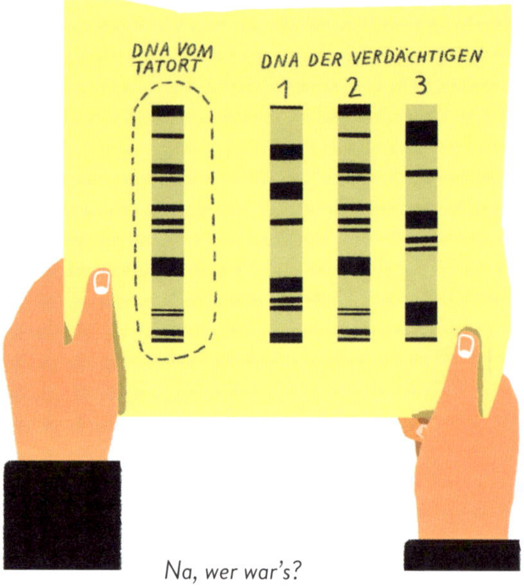

Der Forscher **Alec Jeffrey** forschte damals an der Leicester Universität in England an Erbkrankheiten und verglich dafür die DNA verschiedener Mitglieder einer Familie. Er interessierte sich besonders für bestimmte Abschnitte mit sich wiederholenden Buchstabenabfolgen, zum Beispiel »CAGTCAGTCAGTCAGTCAGT«. Diese Abschnitte befanden sich meistens zwischen den Genen und waren über die gesamte DNA verstreut zu finden. Wofür sie eigentlich da waren? Das wusste man nicht so genau. Aber was Jeffrey auffiel: Die Buchstabenabfolgen wiederholten sich bei verschiedenen Menschen unterschiedlich häufig. So wiederholte sich eine Abfolge bei einem Menschen zum Beispiel 5-mal, beim nächsten Menschen 10-mal und beim dritten Menschen vielleicht 20-, 50- oder 100-mal. Die Länge der Abschnitte war also von Mensch zu Mensch jeweils sehr verschieden. Und sogar unterschiedlich zwischen den zwei Chromosomen eines Chromosomenpaares.

Na, wer war's?
Guck auf Seite 64!

Jeffrey erkannte, dass man mithilfe der Anzahl dieser Wiederholungen die DNA sicher einer Person zuordnen konnte. Nicht mit einer einzigen Stelle natürlich, aber mit der Kombination von mehreren solcher Stellen. Und Jeffrey verstand, was das für eine große Bedeutung haben konnte. Der **genetische Fingerabdruck** war erfunden! Und bald konnte Jeffrey mithilfe dieser neuen Methode auch den ersten Verbrecher hinter Gitter bringen.

In der ursprünglichen Form war die Methode noch sehr aufwendig und man brauchte viel Material für die Untersuchung. Als man aber begann, diese Methode mit der neuen PCR-Technik, der sogenannten **Polymerasekettenreaktion**, zu kombinieren, änderte sich dies. Die PCR erlaubt es, winzigste DNA-Spuren zu vervielfältigen. Millionenfach! Für die Verbrecherjagd bedeutete dies, dass nun geringste DNA-Mengen des Täters oder der Täterin, teilweise nur eine einzige Zelle, reichten, um den genetischen Fingerabdruck durchzuführen.

Kann man nun also alle Menschen mit dem genetischen Fingerabdruck eindeutig identifizieren? Nicht ganz! Denn bei eineiigen Zwillingen ist die DNA gleich oder zumindest nahezu gleich. Der genetische Fingerabdruck hilft hier nicht und es bleibt dann nur noch der klassische Fingerabdruck. Denn der ist selbst bei eineiigen Zwillingen verschieden.

Der genetische Fingerabdruck ist eine Methode, um eine Person mithilfe der Länge bestimmter Buchstabenabfolgen in der DNA zu identifizieren.

Die Polymerasekettenreaktion (PCR) ist eine Technik, um DNA zu vervielfältigen und so sehr geringe Mengen an DNA nachweisen zu können.

NEUE IMPFSTOFFE

Ende 2019 wurden erste Fälle einer Erkrankung bekannt, die von einem neuartigen Virus, dem Sars-CoV-2, verursacht wurden. Bald breitete sich das Virus auf der ganzen Welt aus und es wurden mit großem Zeitdruck Impfstoffe entwickelt, um die Menschen davor zu schützen. Dabei kamen ganz neue genbasierte Techniken zum Zuge. Warum? Das Grundprinzip bei den »altbewährten« Impfstoffen ist, dass ein abgeschwächter oder abgetöteter Krankheitserreger (zum Beispiel ein Virus) oder auch nur einzelne Eiweiße eines Krankheitserregers in den Körper eingebracht werden.

Diese können dem Körper keinen Schaden zufügen. Aber die Immunabwehr kann schon einmal den Krankheitserreger kennenlernen und sich dabei auf den späteren Angriff des »echten« Erregers vorbereiten. Wenn dann der »echte« Krankheitserreger in den Körper gelangt, sind die Waffen der Immunabwehr längst bereit und der Krankheitserreger kann schnell besiegt werden. Wir werden dann meist nicht mehr oder nur noch sehr wenig krank! Aber die Entwicklung und Produktion dieser alten Impfstoffe ist aufwendig und dauert. Bei den genbasierten Techniken kann man sehr viel schneller sein. Der entscheidende Unterschied ist, dass nicht mehr der Krankheitserreger oder einzelne Eiweiße davon in die Zellen gebracht werden, sondern nur die genetische Information darüber.

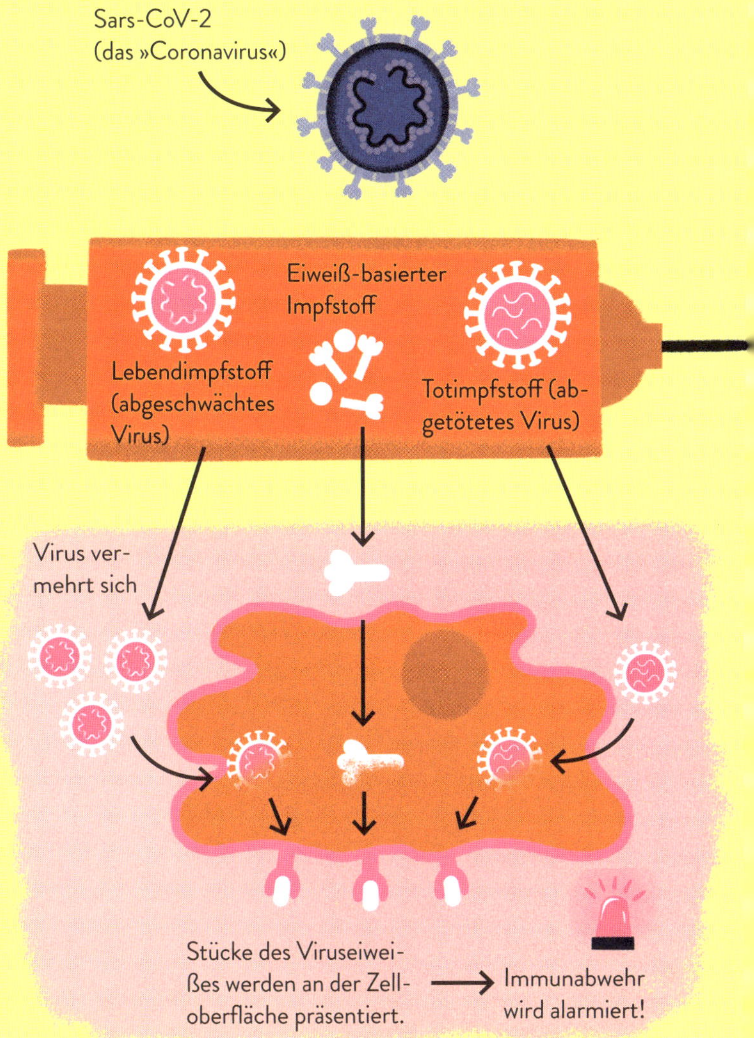

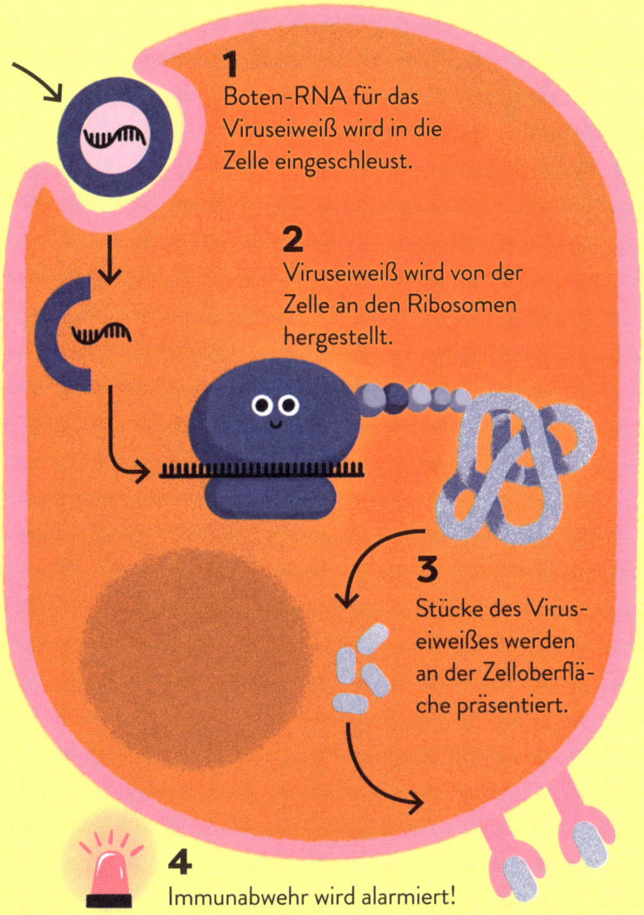

Besonders wirksam im Kampf gegen Sars-CoV-2 haben sich die sogenannten **mRNA-Impfstoffe** erwiesen. Bei diesen Impfstoffen wird die Information über das fremde Eiweiß als Boten-RNA bereitgestellt. Der Begriff »mRNA« ist übrigens eine Abkürzung von »messenger RNA«, was im Deutschen Boten-RNA bedeutet. Um die Boten-RNA in die Zelle zu schleusen, wird sie in eine fetthaltige Hülle gesteckt. Diese Hülle verschmilzt mit der Hülle der Körperzelle und so gelangt die Boten-RNA in die Zelle. Aus der Boten-RNA wird nun von der Zelle das fremde Eiweiß hergestellt.

Und dann ist es wie bei den herkömmlichen Impfstoffen: Die Immunabwehr lernt den Krankheitserreger kennen und entwickelt Waffen dagegen, die sie beim Angriff des »echten« Erregers sofort verwenden kann.

Hat man erst einmal die geeignete Hülle, kann man ein beliebiges Stück Erbmaterial des Erregers in die Zellen einbringen. Ganz nach Art eines Baukastens! So lassen sich Impfstoffe rasch neu entwickeln und bei Bedarf auch anpassen. Das ist hilfreich im Kampf gegen das Sars-CoV-2-Virus. Aber auch mRNA-Impfstoffe gegen andere schwere Erkrankungen (wie Malaria oder Krebs) sind bereits in der Entwicklung.

IST DAS GEHEIMNIS UM DAS LEBEN UND UM UNS MENSCHEN GELÜFTET?

Bis zu den Ursprüngen des Lebens sind wir vorgedrungen. Wir haben die Sprache des Lebens, den Code der DNA, entschlüsselt. Wir haben den Bauplan des Menschen gelesen. Und dabei viel über uns erfahren. Woher wir kommen und was uns ausmacht. Wie sehr wir Menschen uns ähneln, aber auch wie einzigartig jeder von uns ist. Und wie tief wir mit der Natur verwurzelt sind.

Aber noch mehr.

Wir haben Möglichkeiten gefunden, den Bauplan künstlich zu verändern. Gewagt zu träumen. Wie wir unser Wissen einsetzen können gegen Hunger, Klimawandel und Krankheiten. Und angefangen, diese Träume Wirklichkeit werden zu lassen. Aber es bleiben Sorgen. Was, wenn die neuen Technologien nicht im Wohle der Menschheit eingesetzt werden? Was, wenn sie Dinge in Gang bringen, die wir so nicht vorhergesehen hatten?

Und wo setzen wir die Grenzen?

Es gibt noch so viele Fragen. Fragen, auf die wir keine Antwort wissen. Geheimnisse, die noch zu enthüllen sind. Rätsel, die junge Forscherinnen und Forscher wie du einmal lösen werden.

DEINE EIGENE FORSCHUNG:

Albino-Igel

Manchmal werden neben den wildfarbenen Igeln auch weiße Igel in der Natur gesehen: sogenannte Albino-Igel. Ihnen fehlt der Farbstoff Melanin. Neben der weißen Farbe haben sie auch rote Augen. Albinismus wird rezessiv vererbt. Nun überlege und male auf, was passiert, wenn sich ein Albino-Igel mit einem wildfarbenen Igel paart: Könnte es auch wieder Albino-Igel geben? Ein kleiner Tipp: Die Vererbung des Albinismus ist wie die Vererbung der weißen Blütenfarbe bei den Erbsen.

Dein Familienstammbaum

Probiere, die Vererbung der Gene in deiner Familie zurückzuverfolgen! Untersuche, wer in deiner Familie seine Zunge rollen kann und bei wem die Ohrläppchen angewachsen sind. Oder wer einen dreieckigen Haaransatz hat, eine sogenannte Witwenspitze. Vielleicht gibt es noch andere außergewöhnliche Merkmale in deiner Familie, wie ein Grübchen im Kinn oder in der Wange, rote Haare, blaue Augen, Sommersprossen und so weiter ... Sammle Informationen von so vielen Familienmitgliedern wie möglich. Erstelle nun einen Stammbaum deiner Familie. Male deine Familienmitglieder oder klebe Fotos von deinen Familienmitgliedern auf ein großes Blatt und schreibe deine Ergebnisse darunter. Na, kannst du Muster erkennen? Bei dominant vererbten Merkmalen, wie zum Beispiel den Grübchen oder der Witwenspitze, wird typischerweise auch deine Mutter oder dein Vater das Merkmal tragen. Denn selbst wenn die Veränderung nur auf einer von den zwei Kopien des Gens vorhanden ist, wird sie schon sichtbar. Aber bei vielen Merkmalen sind mehrere Gene beteiligt und dann ist es schwerer vorherzusehen, wie ein Merkmal weitergegeben wird.

Karyogramm

Beurteile das folgende Karyogramm: Ist die Person den Chromosomen nach ein Mann oder eine Frau? Und fällt dir etwas Auffälliges auf?

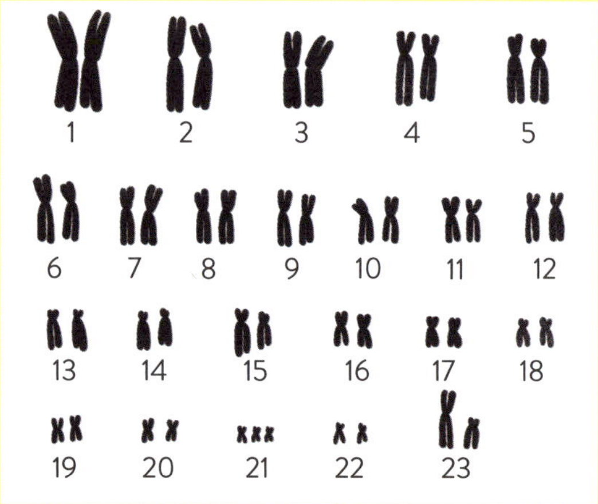

Klonen

Du darfst auch selbst klonen! Und zwar deine eigene Zimmerpflanze. Oder eine Pflanze aus dem Garten. Du schneidest einen frischen Trieb von etwa zehn Zentimetern ab, kürzt große Blätter, wenn es die gibt, und stellst den Trieb ins Wasser. Nach einigen Tagen sollten sich erste Wurzeln bilden. Und wenn genug Wurzeln da sind, kannst du deinen Klon in ein kleines Blumentöpfchen umpflanzen.

Lösungen auf Seite 64.

REGISTER

Adenin 19, 20, 21, 27, 29
Aminosäure 24–26, 29
Avery, Oswald 19
Bakterien 30, 42-45, 48, 51
Basen 19, 20, 21, 22, 23, 26, 27
Baum des Lebens 30
Bouchard, Thomas 32–33
Boten-RNA 24–26, 59
Boveri, Theodor 14
Chargaff, Erwin 20
Charpentier, Emmanuelle 48
Chromatin 12-13, 15
Chromosom 13-15, 17, 42–43, 47
Church, George 57
Code des Lebens 26
Code-Sonne 26
Crick, Francis 20-22
CRISPR 48-49, 50, 53
Cytosin 19, 20, 21, 27
Darwin, Charles 30
Desoxyribose 19
DNA (Desoxyribonukleinsäure) 19–22, 23, 24, 26-27, 30, 36, 37–38, 39
DNA-Doppelhelix 21, 22, 27
DNA Polymerase 38
Dominant 9, 11, 62
Doudna, Jennifer 48
Eineiige Zwillinge 32–33, 34, 54, 58
Eiweiß 23–26, 27, 28, 38, 42–43, 44, 45, 46, 48, 59
Embryonale Stammzellen 56
Epigenetisch 38–39
Erbkrankheit 28, 29
Evolution 30–31
Flemming, Walther 12
Franklin, Rosalind 20
Gen 10, 23, 37
Gene Drive 52–53
Genetischer Code 21, 23, 25–26
Genetischer Fingerabdruck 58
Genetische Vielfalt 31
Genkarte 17
Genom 36, 39
Genschere 48–49, 50, 53
Gentaxi 46–47
Gentherapie 46–47, 49
Geschlechtschromosomen 15, 17
Gilbert, Walter 36
Grüne Gentechnik 50–51
Guanin 19, 20, 21, 27
Gurdon, John 55
Histon 27
Humangenomprojekt 36–37, 39
Impfstoff 59
Insulin 44
ipS-Zelle 56
Jeffrey, Alec 58
Karyogramm 15, 62
Keimzelle 7-8, 14–15, 28–29, 49–54
Klebeeiweiß 42–43
Klon 54–55, 62
Krebs 28, 33, 41, 47, 59
Malaria 31, 52, 59
Meiose 14, 15
Mendel, Gregor 6–11
Miescher, Friedrich 18
Mitose 13, 15
Morgan, Thomas 16–17
Mutation 28–31, 50
mRNA-Impfstoff 59
Nukleinsäure 18–19
PCR (Polymerasekettenreaktion) 58
Personalisierte Medizin 41
Phosphatreste 19, 20, 21
Plasmid 42–45
Plasmodien 31, 52
Rekombinante DNA 43–45
Reparatureiweiß 28
Replikation 22
Resistenz-Gen 52–53
Rezessiv 9, 11, 62
Ribose 19
Ribosom 24-26, 59
RNA (Ribonukleinsäure) 19, 24–26, 30, 38, 46, 58
Sanger, Fred 36
Sars-CoV-2 59
Schaf Dolly 54–55
Schneide-Eiweiß 42–43
Sequenzieren 36, 39
Sichelzellkrankheit 29, 31, 49
Sutton, Walter 14
Thymin 19, 20, 21, 27, 29
Transfer-RNA 25
Transgene Tiere 45
Transkription 24, 26
Translation 25–26
Uracil 19
Venter, Craig 36
Virus 46–47, 48, 59
Watson, James 20–22
Wilkins, Maurice 20–21
Yamanaka, Shinya 56
Zellgedächtnis 38
Zellkern 12, 18, 19, 24–27, 46, 54
Zelltypen 38, 56

LÖSUNGEN

Seite 26

Gensonne

Na, konntest du den Code knacken? Guck mal:
Die Abfolge »GUC« steht für die Aminosäure Valin.
Die Abfolge »AGC« steht für die Aminosäure Serin.
Die Abfolge »AUG« steht für die Aminosäure Methionin. Man nennt »AUG« auch das Startcodon. Denn »AUG« gibt den Startpunkt der Translation an. Dort beginnt die Herstellung einer neuen Aminosäurekette.
Die Abfolge »UAG« steht für keine Aminosäure, sondern ist ein sogenanntes Stoppcodon. Sie gibt den Endpunkt der Translation an. Dort endet also die Aminosäurekette.

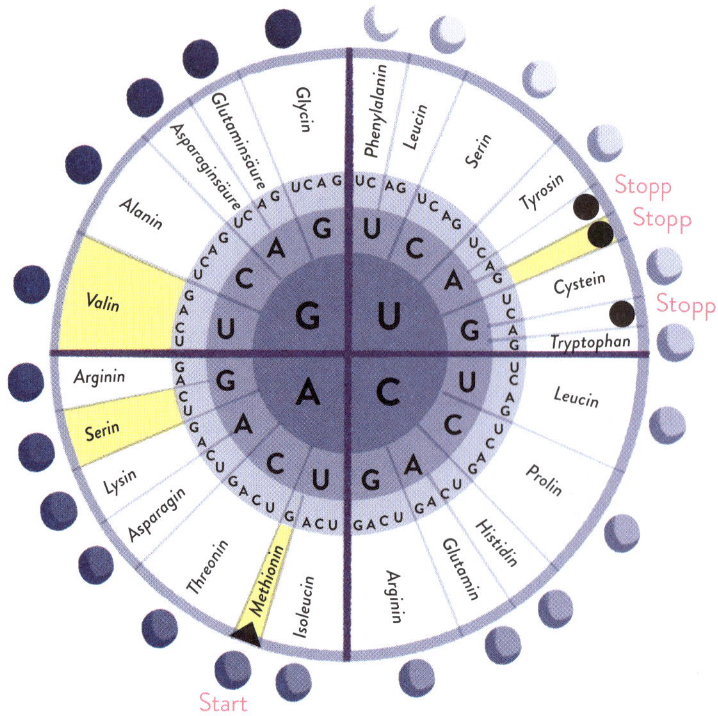

Seite 58

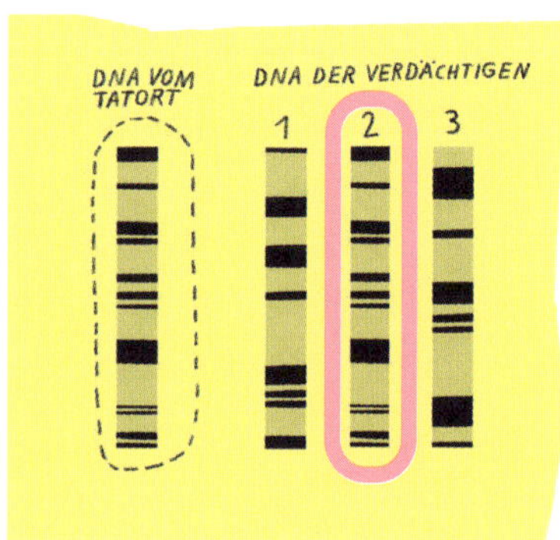

Die Nummer 2 war's, denn ihr DNA-Strichmuster (Bandenmuster) stimmt mit dem von der Tatort-DNA überein. Aber wie entstehen diese Muster? Bestimmte DNA-Abschnitte werden vervielfältigt, nach ihrer Länge aufgetrennt und dann angefärbt. Da die DNA-Abschnitte bei den verschiedenen Menschen unterschiedlich lang sind, entstehen unterschiedliche Muster. So kann ein Mensch eindeutig identifiziert werden!

Seite 62

Albino-Igel

In der nächsten Generation kann es keine Albino-Igel geben. Denn die fehlerhafte Kopie wird durch die »fehlerfreie« Kopie des Gens überdeckt.

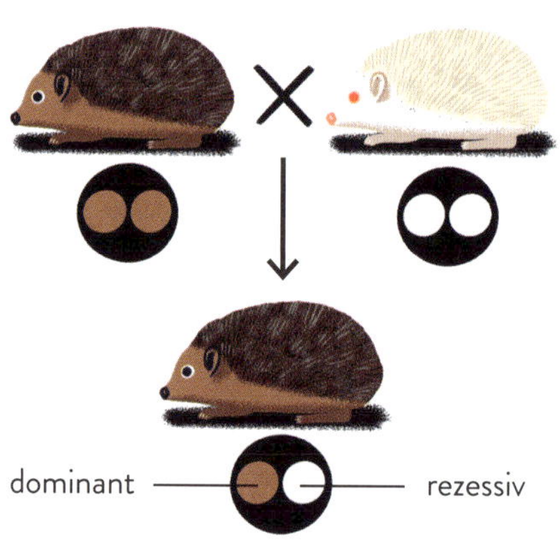

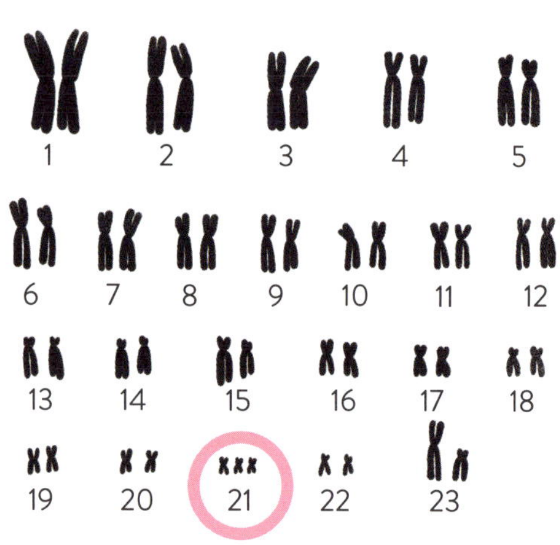

Karyogramm:
Bei dem gezeigten Karyogramm findet sich ein X- und ein Y-Chromosom. Das chromosomale Geschlecht der Person ist also männlich. Zusätzlich fällt auf, dass das Chromosom 21 dreimal vorkommt. Man bezeichnet diese Chromosomenstörung auch als Trisomie 21 oder Down Syndrom. Du kannst im Internet mehr über das Down Syndrom recherchieren.